Faten Katlane

**Analyse spatiale pour la détection de changement**

Faten Katlane

# Analyse spatiale pour la détection de changement

## Analyse d'images satellitales pour la détection de changement en se basant sur une approche à contrario

Presses Académiques Francophones

Mentions légales / Imprint (applicable pour l'Allemagne seulement / only for Germany)
Information bibliographique publiée par la Deutsche Nationalbibliothek: La Deutsche Nationalbibliothek inscrit cette publication à la Deutsche Nationalbibliografie; des données bibliographiques détaillées sont disponibles sur internet à l'adresse http://dnb.d-nb.de.
Toutes marques et noms de produits mentionnés dans ce livre demeurent sous la protection des marques, des marques déposées et des brevets, et sont des marques ou des marques déposées de leurs détenteurs respectifs. L'utilisation des marques, noms de produits, noms communs, noms commerciaux, descriptions de produits, etc, même sans qu'ils soient mentionnés de façon particulière dans ce livre ne signifie en aucune façon que ces noms peuvent être utilisés sans restriction à l'égard de la législation pour la protection des marques et des marques déposées et pourraient donc être utilisés par quiconque.

Photo de la couverture: www.ingimage.com

Editeur: Presses Académiques Francophones est une marque déposée de
Südwestdeutscher Verlag für Hochschulschriften GmbH & Co. KG
Heinrich-Böcking-Str. 6-8, 66121 Sarrebruck, Allemagne
Téléphone +49 681 37 20 271-1, Fax +49 681 37 20 271-0
Email: info@presses-academiques.com

Produit en Allemagne:
Schaltungsdienst Lange o.H.G., Berlin
Books on Demand GmbH, Norderstedt
Reha GmbH, Saarbrücken
Amazon Distribution GmbH, Leipzig
ISBN: 978-3-8381-8870-6

Imprint (only for USA, GB)
Bibliographic information published by the Deutsche Nationalbibliothek: The Deutsche Nationalbibliothek lists this publication in the Deutsche Nationalbibliografie; detailed bibliographic data are available in the Internet at http://dnb.d-nb.de.
Any brand names and product names mentioned in this book are subject to trademark, brand or patent protection and are trademarks or registered trademarks of their respective holders. The use of brand names, product names, common names, trade names, product descriptions etc. even without a particular marking in this works is in no way to be construed to mean that such names may be regarded as unrestricted in respect of trademark and brand protection legislation and could thus be used by anyone.

Cover image: www.ingimage.com

Publisher: Presses Académiques Francophones is an imprint of the publishing house
Südwestdeutscher Verlag für Hochschulschriften GmbH & Co. KG
Heinrich-Böcking-Str. 6-8, 66121 Saarbrücken, Germany
Phone +49 681 37 20 271-1, Fax +49 681 37 20 271-0
Email: info@presses-academiques.com

Printed in the U.S.A.
Printed in the U.K. by (see last page)
ISBN: 978-3-8381-8870-6

A Mes Très Chers Parents
Essia et Taoufik

A mes petits anges Ahmed et Farah

A tous ceux que j'aime…………

## REMERCIEMENTS

Ce travail a été réalisé à l'Ecole Nationale d'Ingénieurs de Tunis, au sein du Laboratoire de Télédétection et Systèmes d'Information à Référence Spatiale (LTSIRS) dirigé par Monsieur le Professeur Mohamed Rached Boussema,.

Je voudrais adresser mes remerciements à Monsieur Noureddine Ellouze, Professeur à l'Ecole National d'Ingénieurs de Tunis pour l'honneur qu'il me fait en acceptant de présider mon jury de thèse.

Je remercie sincèrement par ailleurs, Monsieur Albert Bijaoui, professeur et astronome émérite à l'observatoire de la Côte d'azure pour avoir bien voulu accepter d'être rapporteur de ma thèse.

Je suis également très reconnaissante à Monsieur Hamid Amiri, Professeur à l'Ecole Nationale d'Ingénieurs de Tunis pour avoir bien voulu accepter d'être rapporteur de ma thèse.

Je remercie Monsieur Mohamed Rached Boussema, Professeur à l'Ecole Nationale d'Ingénieurs de Tunis, Directeur du Laboratoire de Télédétection et Systèmes d'Information à Référence Spatiale (LTSIRS) pour avoir accepter de faire partie du jury.

Je tiens à exprimer toute ma reconnaissance à Monsieur Mohamed Saber Naceur, mon directeur de thèse, maitre de conférences à l'INSAT, pour m'avoir permis d'entreprendre ce travail, pour ses conseils précieux et son soutien, pour avoir mis à ma disposition ses compétences scientifiques et sa grande disponibilité pour suivre ce travail.

Mes remerciements s'adressent également à tous les membres du LTSIRS et en particulier à Monsieur Mohamed Anis Loghmari, pour son aide et ses conseils pertinents, à Madame Donia Zheni pour son aide et sa disponibilité, à Monsieur Sami Faiz, à Monsieur Habib Snane, à Monsieur Aloui Kamel, à Monsieur Noamen Baccari et à Madame Lilia Bennaceur pour m'avoir toujours encouragée.

3

Sans oublier mes fidèles amies, Nour El Houda, Dorra, Manel, Imen, olfa et en particulier Henda pour leurs encouragements et pour leur soutien moral.

**Résumé**

Les méthodes automatiques de détection de changement en imagerie satellitale font l'objet d'un intérêt croissant, notamment en raison des nombreuses applications liées à l'analyse de la surface terrestre ou de l'environnement (suivi de la végétation, mise à jour de cartographies, gestion des risques, etc.). Pour cela nous proposons de développer des méthodes hybrides groupant l'analyse multi-échelles, la segmentation des images et la fusion des détecteurs de changement en se basant sur une approche a contrario. Les différentes approches existantes pour la détection de changement aussi nombreuses et diversifiés vont de simples opérations de soustraction ou de rapport à l'analyse par vecteurs de changement et de régression, en passant par l'analyse de texture, l'analyse en composantes principales, l'analyse de formes, la différence de l'indice de végétation, et à l'utilisation des ondelettes. Les méthodes de classification multi-dates directes, de comparaison post classification flou et de comparaison post classification donnent d'ailleurs de bons résultats. D'autres méthodes se basant sur l'intelligence artificielle, les réseaux artificiels de neurones et les systèmes experts ont également pu faire leurs preuves dans le domaine de l'étude des changements en imagerie.

L'objectif général de la recherche proposée est le suivi de l'évolution et la détection de changement sur des images sattellitales multi-sources et cela quel que soit la résolution (spatiales et temporelles) et le nombre des images testés, en se basant sur une approche a contrario.

La problématique posée par l'approche a contrario réside dans le choix des seuils pour lesquelles la différence entre deux pixels est significative ?

Nous avons essayé de répondre à cette question, d'abord en testant une série de valeurs de seuils significatifs, ensuite dans une deuxième démarche en fixant la valeur de ce seuil par rapport aux limites inférieures et supérieures calculer en se basant sur le principe de la maitrise  statistique des processus de production (MSP). Enfin, une troisième démarche a été mise en place et qui consiste à fusionner des indicateurs de changement en se basant sur l'approche a contrario.

Les résultats de l'application des deux premières démarches nous ont donné les taux de changements, de faux changements ou fausses alarmes et des non changements. Pour évaluer la  performance de la détection de changement a contrario selon les deux approches considérées nous avons comparé les résultats obtenus dans les deux cas avec les résultats de l'application d'une méthode de détection de changements classiques basés sur la différence d'images. La détection a contrario a prouvé sa validité par rapport au premier algorithme.

Finalement, nous avons appliqué et évalué la méthode de fusion d'indicateurs de changement. L'évaluation de la détection a contrario a prouvé sa validité par rapport à la méthode de détection de changement classique.

**Mots clés :** Détection de changement, analyse multi-échelle, approche a contrario, faux changement.

# Sommaire

Introduction générale......................................................................19

Chapitre I. Etat de l'art des différentes approches de détection de changement
.................................................................................................25

I.1 Introduction................................................................................26

I.2 L'analyse par vecteur de changement....................................28

I.3 Les détecteurs simples.............................................................30

I.3.1 La différence d'images..................................................32

I.3.2 La différence d'images normalisées................................32

I.3.3 Le ratio d'images............................................................32

I.3.4 Le logarithme du ratio d'images.....................................33

I.4 La méthode de régression........................................................33

I. 5 La comparaison post classification........................................34

I. 6La classification conjointe......................................................36

I.7 La détection a contrario de changement..............................26

I. 8 Conclusion................................................................................27

Chapitre II. La théorie de l'approche a contrario........................40

II.1 Introduction..............................................................................42

II.2 Détection se basant sur les principes de la reconstruction visuelle  43

II.2.1 Les principes de base de la théorie gestaltite.................44

II.2.2 Le principe de Helmholtz.............................................46

II.3 Formulation mathématique de la reconstitution visuelle.......47

II.3.1 Le principe de Wertheimer...........................................47

II.3.2 De la nature discrète de l'image aux structures géométrique....50

II.3.3 Détection d'évènements significatifs..........................................52

II.3.3.1 Expression mathématique d'un événement significatif..........54

II.3.3.2 Définition du seuil de détection.............................................55

II.3.3.3 Définition d'un ε- segment significatif...................................55

II.3.3.4 Définition du Nombre de Fausses Alarmes...........................57

**II.4 Approche a contrario pour la détection de changement à partir d'images satellitales** ........................................................................................**57**

II.4 .1 Modèle d'image .........................................................................58

II.4.2 La détection a contrario de changement....................................59

II.4.3 La mise en œuvre de la détection a contrario de changement...62

**II.5 Conclusion**...............................................................................**64**

**Chapitre III. Analyse spatiale pour la détection de changement 66**

**III.1 Introduction**............................................................................**68**

**III.2 Analyse spatiale pour la détection de changement dû à la résolution spatiale** ................................................................................................**68**

III.2.1 Images sélectionnées pour l'étude............................................68

III.2.2 Opération de Moyennage .........................................................71

**III.3 Analyse spatiale pour la détection de changement basée sur le principe des MSP**..................................................................................................**72**

III.3.1 Images choisies pour l'étude......................................................73

III.3. 2 Classification des images par la méthode d'Expectation Maximisation 74

III.3.2.1 Principe de fonctionnement de l'algorithme ........................75

III.2.3.2 Application de l'algorithme pour une classification automatique 76

III.3.3 détection de défectuosités en se basant sur le principe des cartes de contrôle ......................................................................................78

III.3.4 Principe de la méthode d'analyse multi-échelle basée sur le principe des cartes de contrôle .................................................................80

**III.4 Résultats de l'Analyse multi-échelle ......................................81**

III.4.1 Résultats de l'analyse spatiale pour la détection de changement dû à la résolution spatiale.........................................................81

III.4.2 Résultats de l'Analyse spatiale d'images multisources ...........86

**III.5 Conclusion .............................................................................98**

**Chapitre IV. Détection de changement basée sur l'approche a contrario       100**

**IV.1 Introduction............................................................................102**

**IV.2 Modèle a contrario.................................................................102**

IV.2.1 Les données........................................................................102

IV.2.2 Première approche.............................................................103

IV.2.3 Deuxième approche...........................................................105

**IV.3 Formulation des algorithmes ...............................................107**

IV.3. 1 L'algorithme 1...................................................................107

IV.3.2 L'algorithme 2..................................................................109

**IV.4 Résultats de la détection de changements basée sur l'approche a contrario ..................................................................................110**

IV.4.1 La détection de changement basée sur la différence a contrario : application de l'algorithme1 ...........................................................110

IV.4.2 La détection de changement a contrario : application de l'algorithme 2       120

IV.4 .3 Evaluation de la détection de changement a contrario par rapport à une méthode classique de changement et à une vérité terrain .................121

**IV.5 Conclusion.............................................................................124**

**Chapitre V. Fusion de données pour la détection de changement........127**

**V.1 Introduction** ........................................................128

**V.2 La fusion d'images**.................................................129

V.2.1 Définitions et avantages de la fusion d'images......................129

V.2.2 Les différents niveaux de la fusion.......................................130

V.2.2.1 La fusion niveau pixels....................................................131

V.2.2.2 La fusion niveau attributs ................................................131

V.2.2.3 La fusion niveau décisions ...............................................131

V.2.3 Les architectures de fusion ................................................132

V.2. 3.1 L'architecture centralisée ...............................................132

V.2.3.2 L'architecture Décentralisée.............................................133

V.2.3.3 L'architecture Hybride ....................................................133

V.2.4 Description d'un problème générale de fusion .......................134

V.2.4.1 La modélisation ............................................................134

V.2.4.2 L'estimation.................................................................135

V.2.4.3 La combinaison ............................................................135

V.2.4.4 La décision..................................................................135

**V.3 Détection de changement par fusion d'indicateurs : modèle a contrario    135**

V.3.1 Méthodologie de détection de changement a contrario par fusion d'indicateurs
de changement ........................................................................137

V.3.1.1 Indicateurs de changement ...............................................138

V.3.1.1.1 Descripteurs de textures ...............................................138

V.3.1.1.2 Indicateur de changement pour la différence ....................141

V.3.1.2  Principe de la méthode de fusion des indicateurs de changement a contrario
.............................................................................................142

V.3.2 Formulation de l'algorithme................................................145

V.3.3 Processus de fusion a contrario ...........................................147

**V.4 Résultats de la détection de changement a contrario par fusion d'indicateurs de changement** ...........................................................147

**V.5 Performance de la détection de changement basée sur la fusion a contrario** ...........................................................156

**V.6 Conclusion**...........................................................157

**Conclusion générale**...........................................................159

**Bibliographies**...........................................................142

# Liste des Figures

FIGURE 1 : MÉTHODE D'ANALYSE PAR VECTEUR DU CHANGEMENT DE MAGNITUDE... 28

FIGURE 2 : STRATÉGIE DE DÉTECTION DE CHANGEMENT BASÉE SUR UNE IMAGE DE CRITÈRE PAR UN DÉTECTEUR SIMPLE [3]........................................................ 31

FIGURE 3 : REPRESENTATION D'UN EXEMPLE D'EQUATION DE REGRESSION DE DEUX IMAGES BI-DATES................................................................................ 34

FIGURE 4 : SCHÉMA PRÉSENTANT LA DÉTECTION DE CHANGEMENT BASÉE SUR UNE PCC DES IMAGES SEGMENTÉES [3]........................................................ 35

FIGURE 5 : SCHÉMA DE DÉTECTION DE CHANGEMENT BASÉE SUR LA CLASSIFICATION CONJOINTE DES IMAGES................................................................. 37

FIGURE 6 : UNE TÂCHE D'ENCRE SUR UN FOND BLANC................................ 45

FIGURE 7 : DEUX SEGMENTS RIGIDIFIÉS.................................................. 45

FIGURE 8 : IMAGE ORIGINALE (SPOT5)................................................... 48

FIGURE 9 : IMAGE APRÈS VARIATION DU CONTRASTE................................. 48

FIGURE 10 : QUANTIFICATION AVEC UN PAS DE 29...................................... 50

FIGURE 11: CARTE TOPOGRAPHIQUE PRÉSENTANT DES LIGNES DE NIVEAUX........... 50

FIGURE 12 : DESCRIPTION DÉTAILLÉE DE LA MÉTHODOLOGIE ADOPTÉE............... 70

FIGURE 13 : IMAGE HAUTE RÉSOLUTION À UN INSTANT $T_0$............................... 71

FIGURE 14 : IMAGE OBTENUE APRÈS MOYENNAGE : SIMULATION D'UNE IMAGE BASSE RÉSOLUTION À PARTIR D'UNE IMAGE HAUTE RÉSOLUTION PAR REGROUPEMENT DE 16 PIXELS EN 1 PIXEL................................................................... 71

FIGURE 15: L'IMAGE DE LA ZONE D'ÉTUDE................................................ 73

FIGURE 16 : EXEMPLE DU PRINCIPE DE LA CARTE DE CONTRÔLE...................... 79

FIGURE 17: ORGANIGRAMME DE L'ANALYSE DE DÉTECTION DE CHANGEMENT PAR LA MÉTHODE DES LIMITES....................................................... 81

FIGURE 18 : SPOT 4 BR 256X256......................................................... 82

FIGURE 19: SPOT5 HR   1024X1024……………………………………………….82

FIGURE 21: CLASSIFICATION DE L'IMAGE SPOT5 HR…………………………....83

FIGURE 22 : MOYENNE, VARIANCE ET PROPORTIONS DES CLASSES ………………….83

FIGURE 23: CLASSIFICATION DE L'IMAGE SPOT5 BR……………………………..84

FIGURE 24: MOYENNES, VARIANCES ET   PROPORTIONS DES CLASSES……………...84

FIGURE 25 : CLASSIFICATION DE L'IMAGE SPOT4 BR……………………………..84

FIGURE 26 : MOYENNES, VARIANCES ET PROPORTIONS DES CLASSES…………….…84

FIGURE 27 : IMAGE SPOT1 CLASSIFIÉE (1987)    …………………………………...87

FIGURE 28 : IMAGE SPOT2 CLASSIFIÉE (1998)……………………………………..87

FIGURE 29 : IMAGE SPOT4 CLASSIFIÉE (2000)……………………………………..88

FIGURE 30 : IMAGE SPOT5 CLASSIFIÉE (2003)…………………………………….88

FIGURE 31 : DÉTECTION  DE CHANGEMENT PRÉSENT DANS PLUSIEURS IMAGES
SATELLITALES MULTIRÉSOLUTIONS POUR LA CLASSE1 SELON LA MÉTHODE DES LIMITES
INFÉRIEURES ET SUPÉRIEURES……………………………………………………….90

FIGURE 32 : DÉTECTION  DE CHANGEMENT PRÉSENT DANS PLUSIEURS IMAGES
SATELLITALES MULTIRÉSOLUTIONS POUR LA CLASSE2 SELON LA MÉTHODE DES LIMITES
INFÉRIEURES ET SUPÉRIEURES……………………………………………………….91

FIGURE 33 : DÉTECTION  DE CHANGEMENT PRÉSENT DANS PLUSIEURS IMAGES
SATELLITALES MULTIRÉSOLUTIONS POUR LA CLASSE 3 SELON LA MÉTHODE DES LIMITES
INFÉRIEURES ET SUPÉRIEURES……………………………………………………….91

FIGURE 34 : DÉTECTION  DE CHANGEMENT PRÉSENT DANS PLUSIEURS IMAGES
SATELLITALES MULTIRÉSOLUTIONS POUR LA CLASSE4 SELON LA MÉTHODE DES LIMITES
INFÉRIEURES ET SUPÉRIEURES……………………………………………………….92

FIGURE 35 : DÉTECTION  DE CHANGEMENT PRÉSENT DANS PLUSIEURS IMAGES
SATELLITALES MULTIRÉSOLUTIONS POUR LA CLASSE5 SELON LA MÉTHODE DES LIMITES
INFÉRIEURES ET SUPÉRIEURES……………………………………………………….92

FIGURE 36 : DÉTECTION DE CHANGEMENT PRÉSENT DANS PLUSIEURS IMAGES SATELLITALES MULTIRÉSOLUTIONS POUR LA CLASSE6 SELON LA MÉTHODE DES LIMITES INFÉRIEURES ET SUPÉRIEURES...................................................................93

FIGURE 37: LA MOBILITE URBAINE DANS LE CADRE DES GRANDS PROJETS D'AMENAGEMENT URBAIN DU GRAND TUNIS [38]........................................98

FIGURE 38 : PROCESSUS GENERAL DE LA GENERATION DE LA CARTE DE CHANGEMENT SELON LA PREMIERE APPROCHE...................................................104

FIGURE 39 : PROCESSUS GÉNÉRAL DE LA GÉNÉRATION DE LA CARTE DE CHANGEMENT SELON LA DEUXIÈME APPROCHE...................................................106

FIGURE 40 : DETECTION *A CONTRARIO* DE CHANGEMENT POUR E=$10^{-85}$.................111

FIGURE 41 : DETECTION *A CONTRARIO* DE CHANGEMENT POUR E=$10^{-80}$.................112

FIGURE 42 : DETECTION *A CONTRARIO* DE CHANGEMENT POUR E=$10^{-75}$.................112

FIGURE 43 : DETECTION *A CONTRARIO* DE CHANGEMENT POUR E=$10^{-70}$.................113

FIGURE 44 : DETECTION *A CONTRARIO* DE CHANGEMENT POUR E=$10^{-65}$.................113

FIGURE 45 : DETECTION *A CONTRARIO* DE CHANGEMENT POUR E=$10^{-60}$.................114

FIGURE 46 : DETECTION *A CONTRARIO* DE CHANGEMENT POUR E=$10^{-60}$.................114

FIGURE 47 : DETECTION *A CONTRARIO* DE CHANGEMENT POUR E=$10^{-50}$.................115

FIGURE 48 : DETECTION *A CONTRARIO* DE CHANGEMENT POUR E=$10^{-45}$.................115

FIGURE 49 : DETECTION *A CONTRARIO* DE CHANGEMENT POUR E=$10^{-30}$.................116

FIGURE 50 : DETECTION *A CONTRARIO* DE CHANGEMENT POUR E=$10^{-20}$.................116

FIGURE 51 : DETECTION *A CONTRARIO* DE CHANGEMENT POUR E=$10^{-10}$.................117

FIGURE 52 : DETECTION *A CONTRARIO* DE CHANGEMENT POUR E=$10^{-4}$....................117

FIGURE 53 : TFC POUR E=$10^{-85}$.................................................118

FIGURE 54 : TFC POUR E=$10^{-4}$..................................................118

FIGURE 55 : TBC POUR E=$10^{-85}$.................................................119

FIGURE 56: RÉSULTAT DONNÉ PAR L'APPLICATION DE L'ALGORITHME2.................121

FIGURE 57: IMAGE DE DIFFÉRENCE ENTRE SPOT5 ET SPOT1............................122

15

FIGURE 58 : CARTE DE CHANGEMENT RELATIVE À L'IMAGE DE DIFFÉRENCE………..123

FIGURE 59 : DIFFÉRENTS NIVEAUX DE LA FUSION…………………….………….......130

FIGURE 60 : CELLULE DE FUSION [43]……………………………………………….132

FIGURE 61 : ARCHITECTURE DÉCENTRALISÉE [43]……………………………....…133

FIGURE 62 : ARCHITECTURE HYBRIDE [43]……………………………………………134

FIGURE 63 : IMAGE ENTROPIE RELATIVE À L'IMAGE SPOT1(1987)………………..139

FIGURE 64 : IMAGE ÉCART TYPE RELATIVE À L'IMAGE SPOT5(2003)……………..140

FIGURE 65 : EXEMPLE POUR LE CALCUL DE LA FONCTION RANGEFILT……………...141

FIGURE 66 : IMAGE RE-ORDONNÉE RELATIVE À L'IMAGE SPOT4(2000)…………..141

FIGURE 67 : IMAGE DIFFÉRENCE RELATIVE À L'IMAGE SPOT1(1987)- SPOT4(2000)...142

FIGURE 68: SCHÉMA DE LA MÉTHODOLOGIE DE DÉTECTION DE CHANGEMENT PAR

FUSION D'INDICATEURS DE CHANGEMENT EN SE BASANT SUR UNE APPROCHE A

CONTRARIO…………………………………………………………………………145

FIGURE 69 : ARCHITECTURE DE LA FUSION *A CONTRARIO*……………………………147

FIGURE 70 : DÉTECTION DE CHANGEMENT PAR FUSION D'INDICATEURS DE CHANGEMENT

DE L'IMAGE SPOT1 DATANT DE 1987 (A) BANDE XS1, (B) BANDE XS2, (C) BANDE XS3 ET

(D) IMAGE DE CHANGEMENT……………………………………………………..150

FIGURE 71: DÉTECTION DE CHANGEMENT PAR FUSION D'INDICATEURS DE CHANGEMENT

DE L'IMAGE SPOT3 DATANT DE 1998(A) BANDE XS1, (B) BANDE XS2, (C) BANDE XS3 ET

(D) IMAGE DE CHANGEMENT……………………………………………………...152

FIGURE 72: DETECTION DE CHANGEMENT PAR FUSION D'INDICATEURS DE CHANGEMENT

DE L'IMAGE SPOT4 DATANT DE 2000(A) BANDE B1, (B) BANDE B2, (C) BANDE B3 ET

(D) IMAGE DE CHANGEMENT…………………………………………………….…153

FIGURE 73: TBC EN FONCTION DU SEUIL……………………………………………...154

FIGURE 74: DÉTECTION DE CHANGEMENT PAR FUSION D'INDICATEURS DE CHANGEMENT

……………………………………………………………………………………155

# Liste  des tableaux

TABLEAU 1 : INVENTAIRE DES METHODES DE DETECTION DE CHANGEMENT…...27

TABLEAU 2. DESCRIPTION  DES DONNÉES……………………………...………69

TABLEAU 3 . EXEMPLES DE SYSTEMES D'OBSERVATION DE LA TERRE OFFRANT
DIVERSES IMAGES A DIFFERENTES RESOLUTIONS SPATIALES  [37]……..……72

TABLEAU 4.  DESCRIPTION DES DONNÉES…………………………………74

TABLEAU 5. NOMENCLATURE DE L'OCCUPATION DU SOL RELATIVE A LA
CLASSIFICATION PROPOSEE………………………………………………...74

TABLEAU 6 . MOYENNE, VARIANCE ET PROPORTION D'OCCUPATION DE L'IMAGE SPOT5
HR……………………………………………………………85

TABLEAU 7 . MOYENNE, VARIANCE ET PROPORTION D'OCCUPATION DE L'IMAGE
SPOT5BR SIMULEE…………………………………………………...85

TABLEAU 8. MOYENNE, VARIANCE ET PROPORTION D'OCCUPATION DE L'IMAGE SPOT4
BR…………………………………………………………….…..86

TABLEAU 9. MOYENNE ET ECART TYPE DE L'IMAGE SPOT1(1987)…………89

TABLEAU 10. MOYENNE ET ECART TYPE  DE L'IMAGE SPOT2(1998)…………89

TABLEAU 11. MOYENNE ET ECART TYPE DE L'IMAGE SPOT4(2000)…………..89

TABLEAU 12. MOYENNE ET ECART TYPE DE L'IMAGE SPOT5(2003)…………..89

TABLEAU 13. MOYENNE, ECART TYPE DE LA CLASSE1…………………93

TABLEAU 14. MOYENNE ET ECART TYPE DE LA CLASSE2………………94

TABLEAU 15. MOYENNE, ECART TYPE DE LA CLASSE3…………………94

TABLEAU 16. MOYENNE ET ECART TYPE DE LA CLASSE4………………95

TABLEAU 17. MOYENNE ET ECART TYPE DE LA CLASSE5………………95

TABLEAU 18. MOYENNE ET ECART TYPE DE LA CLASSE6………………96

TABLEAU 19. PROPORTION D'OCCUPATION DES CLASSES DES IMAGES SPOT4 (2000) ET
SPOT5 (2003) ET TAUX DE CHANGEMENT……………………...………96

TABLEAU 20. TBC EN FONCTION DES SEUILS ε............................................120

TABLEAU 21. PROPORTION DE CHANGEMENT/NON CHANGEMENT/FAUX CHANGEMENT DANS LE CAS DE L'APPLICATION DE LA DEUXIEME DEMARCHE......................121

TABLEAU 22 : PROPORTION DE CHANGEMENT /NON CHANGEMENT DANS LE CAS DE L'APPLICATION D'UN ALGORITHME SIMPLE DE DIFFERENCE, DE L'ALGORITHME1 ET DE L'ALGORITHME2 ET DE LA VERITE DE TERRAIN......................................123

TABLEAU 23. DESCRIPTION DES DONNÉES............................................148

TABLEAU 24 .COEFFICIENTS DE CORRELATION DES BANDES DE L'IMAGE SPOT1..149

TABLEAU 25. COEFFICIENTS DE CORRELATION DES BANDES DE L'IMAGE SPOT3..151

TABLEAU 26. COEFFICIENTS DE CORRELATION DES BANDES DE L'IMAGE SPOT4( 2000) ............................................................................................151

TABLEAU 27. COEFFICIENTS DE CORRELATION ENTRE LES IMAGES SPOT1, SPOT3, SPOT4 ET SPOT5............................................................................155

TABLEAU 28 : PROPORTION DE CHANGEMENT/NON CHANGEMENT DANS LE CAS DE L'APPLICATION D'UN ALGORITHME SIMPLE DE DIFFERENCE, DES ALGORITHMES DE DETECTION *A CONTRARIO*, DE LA FUSION A CONTRARIO ET DE LA VERITE DE TERRAIN ............................................................................................156

# Introduction générale

**Introduction Générale**

Les deux dernières décennies ont vu l'apparition de données satellitales à très haute résolution, ce qui a nécessité le développement de nouvelles méthodes rapides et fiables d'extraction de l'information à partir de ces données. En effet, les données à résolution métrique ou infra- métriques permettent l'identification et la mesure de caractéristiques pour toute une série d'objets qui n'étaient pas discernables aux résolutions décamétriques. Avec ces nouvelles données, les surfaces deviennent plus hétérogènes et la hauteur de certains objets, source d'information, mais aussi de bruit, devient perceptible à travers leur ombre portée ou directement en visée oblique.

Les méthodes automatiques de détection de changement en imagerie satellitales font l'objet d'un intérêt croissant, notamment en raison des nombreuses applications liées à l'analyse de la surface terrestre ou de l'environnement (suivi de la végétation, mise à jour de cartographies, gestion des risques, etc.). Pour cela nous proposons de développer des méthodes hybrides groupant l'analyse multi-échelles, l'analyse de texture, la segmentation des images, la reconnaissance des formes et la fusion de données en se basant sur une approche a contrario.

Objectifs

L'objectif général de la recherche proposée est le suivi de l'évolution et la détection de changement sur des images satellitales multi-sources, et cela quelle que soit la résolution (spatiales et temporelles) et le nombre des images testées, en se basant sur une approche a contrario.

La problématique posée par l'approche a contrario adoptée réside dans le choix des seuils pour lesquelles la différence entre deux pixels est significative ?

Nous allons répondre à cette question, d'abord en testant une série de valeurs de seuils significatifs, ensuite dans une deuxième démarche en fixant la valeur de ce seuil par rapport aux limites inférieures et supérieures calculées en se basant sur le principe de la maîtrise statistique des processus de production (MSP). Enfin, une troisième démarche est mise en place qui consiste à fusionner des indicateurs de changement en se basant sur l'approche a contrario.

Dans une première partie, nous avons recensé les différentes approches existantes pour la détection de changement. Ces approches aussi nombreuses et diversifiées vont des simples opérations de soustraction niveau pixel ou de rapport de bandes à l'analyse par vecteurs de changement ou de régression, en passant par l'analyse de texture, l'analyse en composantes principales, l'analyse de formes, la différence de l'indice de végétation, et l'utilisation des ondelettes, ainsi que les méthodes de classification multi-dates directes, de comparaison post classification floue et de comparaison post classification donnent de bons résultats. D'autres méthodes se basant sur l'intelligence artificielle, les réseaux de neurones artificiels et les systèmes experts ont également fait leurs preuves dans le domaine de l'étude de changement en imagerie satellitales.

Dans une seconde partie, nous nous sommes intéressées de plus près à l'approche a contrario développée par Desolneux [25]. En effet ces travaux donnent une forme mathématique simple et systématique à la détection d'alignements de directions ou de points, de bords de contrastes, de modes d'histogrammes et d'amas de points (les gestalts) en se basant sur la détection a contrario. La détection a contrario consiste à rechercher des structures en tant que négation d'un modèle banal (répartition aléatoire et uniforme des qualités), qui décrit ce que ne sont pas ses structures. L'idée d'utiliser une détection a contrario avait été plusieurs fois proposée en analyse d'images, notamment par LOWE et Stewart [1]. Desolneux s'appuie sur le principe de

Helmholtz [26], un principe qui permet de passer du modèle statistique a priori en cherchant a contrario les objets qui s'éloignent très fortement d'un modèle aléatoire uniforme [2]. Les travaux de Robin [29 ] consistent à suivre l'évolution de la végétation et la détection de changement à partir de séquences d'images satellite multi-temporelles et ayant une basse résolution spatiale en se basant sur un critère probabiliste a contrario mesurant la cohérence entre la séquence d'images « basse résolution» et un état antérieur de référence représentée par une image haute résolution classifiée.

Dans une troisième partie, des techniques d'analyse spatiale ont été mise en œuvre en utilisant des images a différentes résolutions spatiales et spectrales et des dates différentes dont le but de :

- évaluer l'effet de l'ordre de grandeur de la résolution spatiale des images satellitales,
- écarter l'erreur due au changement d'échelle.

Nous présentons ensuite notre méthode d'analyse spatiale pour la détection de changement basée sur le principe des cartes de contrôle issu de la maîtrise statistique des procédés.

Dans une quatrième partie, nous avons traité le problème de la détection de changement en se basant sur l'approche a contrario, en proposant deux types de raisonnement. Le premier pose un problème similaire à l'ordonnancement et le tirage de boules selon une loi binomiale. Lorsqu'on examine les pixels 2 à 2, chaque tirage donne lieu à une différence, qui peut être significative ou pas. La modélisation a contrario se fait en définissant un Nombre de Fausses Alarmes (NFA) et en calculant un domaine $\varepsilon$-significatif. La deuxième approche considère des images labellisées, dont le but est de parvenir à une différence particulièrement faible dans une image

22

basse Résolution (BR), afin d'estimer le nombre de « faux changement » par rapport à un seuil fixé. Le choix de ce seuil se fera selon le principe des cartes de contrôle préconisé par la méthode de la maîtrise statistique des procédés (MSP).

Dans une dernière et cinquième partie, nous donnons un état de l'art de la fusion d'images, en se basant sur des approches introduites par Wald [43] et Naceur [45] en ce qui concerne l'architecture de fusion et par Block [40] pour la construction d'un processus de fusion. Mascle [47] nous a conduit à la fusion d'indicateurs de changement en utilisant la détection a contrario au moyen de l'introduction de l'information spatiale dans un processus de fusion. Nous avons développé notre propre méthode en fusionnant des indicateurs de changement.

# Chapitre I. Etat de l'art des différentes approches de détection de changement

# Chapitre I. Etat de l'art des différentes approches de détection de changement

## I.1 Introduction

La détection de changement correspond à la détection et à la localisation de zones ayant évolué entre deux observations (ou plus) d'une même scène. Ces changements peuvent être de différents types, d'origine et de durées variées, ce qui permet de distinguer plusieurs familles d'applications :

- le suivi de l'utilisation des sols, qui correspond à la caractérisation du développement du tissu végétal ou à la détection des changements saisonniers de végétation,

- la gestion des ressources naturelles, qui correspond principalement à la caractérisation du développement du tissu urbain, de l'évolution de la déforestation, etc.,

- la cartographie des dommages, qui correspond à la localisation des dommages principalement dus aux catastrophes naturelles, lors d'une éruption volcanique, d'un raz de marée, d'un tremblement de terre ou d'une inondation.

Un nombre relativement important de méthodes existe, Les études traitant de la détection de changement en imagerie sont nombreuses et plus ou moins récentes [3]. Le problème de la détection de changement est un sujet vaste pour lequel de nombreuses méthodes ont été proposées notamment par Coppin et al. et Lu et al. [4] et [5].

Le tableau (1) nous donne un inventaire des principales méthodes de détection de changement trouvées dans la littérature telle qu'elle a été classée par Hall [6] suivant le niveau d'intervention .

26

**Tableau 1 : Inventaire des méthodes de détection de changement**

| METHODES | NIVEAU D'INTERVENTION |
|---|---|
| • L'ANALYSE PAR VECTEUR DE CHANGEMENT<br>• LES DETECTEURS SIMPLES<br>• LA REGRESSION | AU NIVEAU DU PIXEL |
| • L'ANALYSE DE TEXTURE<br>• L'ANALYSE EN COMPOSANTES PRINCIPALES<br>• L'ANALYSE DE FORMES<br>• LA DIFFERENCE DE L'INDICE DE VEGETATION<br>• WAVELETS | AU NIVEAU CARACTERISTIQUE |
| • L'INTELLIGENCE ARTIFICIELLE<br>• RESEAUX ARTIFICIELS DE NEURONES<br>• CLASSIFICATION MULTI DATES DIRECT<br>• SYSTEMES EXPERTS<br>• COMPARAISON POST CLASSIFICATION FLOUE<br>• COMPARAISON POST CLASSIFICATION | AU NIVEAU OBJET |

La problématique de la détection de changement peut être formulée à partir de deux images $I_1$ et $I_2$ acquises à deux instants $t_1$ et $t_2$ différents, en générant l'image thématique appelée carte de changement représentant les zones de changement / non-changement entre l'image $I_1$ et $I_2$.

Il est cependant possible d'énumérer toutes les méthodes, mais il est difficile de les étudier toutes. En fonction du point de vue adopté pour caractériser les changements survenus entre deux acquisitions, nous avons essayé d'aborder de plus près l'analyse par vecteur de changement, les détecteurs simples, la méthode de régression, la comparaison post classification, la classification conjointe et enfin un aperçu très bref concernant la méthode qui se base sur l'approche a contrario sera développé.

### I.2 L'analyse par vecteur de changement

La méthode dénommée analyse par vecteur de changement (change vector analysis) a été proposée par [7] en 1980.

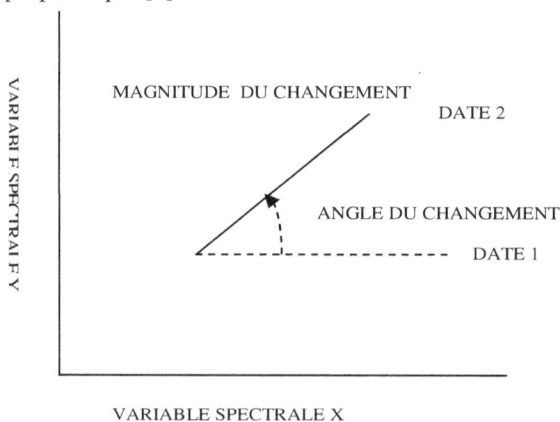

Figure 1 : Méthode d'analyse par vecteur du changement de magnitude

Cette technique a été utilisée à plusieurs reprises pour des études de changement d'occupation et d'utilisation du sol par Lambin [8]en 1994 et plus récemment par Johnson [9] en 1998 qui l'ont utilisée pour une analyse multi-temporelle de l'évolution de l'occupation du sol à partir d'images NOAA-AVHRR en Afrique. L'analyse par vecteur de changement permet aux utilisateurs de déterminer la direction et la magnitude entre deux périodes. Il s'agit de prendre selon l'axe des abscisses la bande spectrale X et selon l'axe des ordonnées la bande spectrale Y (voir figure 1), le changement de direction est mesuré par l'angle de passage d'un pixel de mesure à la date 1 qui correspond à la mesure du pixel à la date 2. En 1996 Jensen quant à lui a défini le vecteur du changement de magnitude et de direction de chaque pixel comme étant la distance euclidienne entre l'extrémité de deux vecteurs définissant les valeurs des pixels pour les points à $2^n$ dimensions représentant deux dates et donc le module du vecteur de changement de magnitude ( CVM) est exprimé selon la formule suivante :

$$|CVM| = \sqrt{\sum_{i=1}^{k} (DN_{k(date\,2)} - DN_{k(date\,1)})^2} \qquad \text{I- 1}$$

ou $DN_{k(DATE\,2)}$ et $DN_{k(DATE\,1)}$ sont les valeurs des pixels dans la bande K pour les deux dates [10].

En 2004 afin d'estimer les modifications de couverture des sols entre deux hivers, Corgne a appliqué la méthode des vecteurs de changement en se basant sur la comparaison des mesures radiométriques de différents canaux ou d'indices de végétation pour analyser les mutations de l'occupation du sol. La mesure des changements radiométriques se fait par la soustraction normalisée de deux canaux de deux dates différentes sur le même espace géographique [11]. Cette opération a permis de dégager deux composantes de changement radiométriques :

- La magnitude du changement obtenue par la distance euclidienne entre les deux mesures radiométriques. La magnitude du changement représente l'intensité du changement et quantifie les variations saisonnières ou annuelles des réponses spectrales ou de l'indice de végétation.

- la direction du changement, exprimée par l'angle issu des valeurs radiométriques indique s'il y a eu perte ou gain de végétation entre les deux dates étudiées.

L'intersection et le seuillage de ces deux indicateurs permettent de qualifier le changement (gain, perte ou stagnation de la végétation entre deux dates) et de le quantifier (fort, faible ou nul).

**I.3 Les détecteurs simples**

Un détecteur est un opérateur appliqué aux images $I_1$ et $I_2$ qui permet la révélation de changement apparu entre deux observations. La très grande variété de détecteurs et d'algorithmes de classifications envisageables avec cette approche en fait une technique de détection de changement très générale. De nombreux détecteurs ont d'ailleurs été mis au point, le plus souvent en fonction du type de changement à identifier.

Le problème de la détection de changement peut se décomposer en deux phases distinctes [3]:

1. une phase d'extraction pour la caractérisation de changement, permettant de mettre en évidence, sur une image dite de critère, les changements survenus entre les images $I_1$ et $I_2$. L'extraction des changements est le plus souvent effectuée grâce à une comparaison directe des images (classiquement la

différence pixel à pixel des deux images), et les techniques utilisées pour effectuer cette comparaison sont couramment appelées détecteurs.

**2.** une phase de classification de l'image de critère en zones de changement et de non-changement.

La structure générale d'un algorithme basé sur l'utilisation d'un détecteur est représentée par le schéma de la Figure 2.

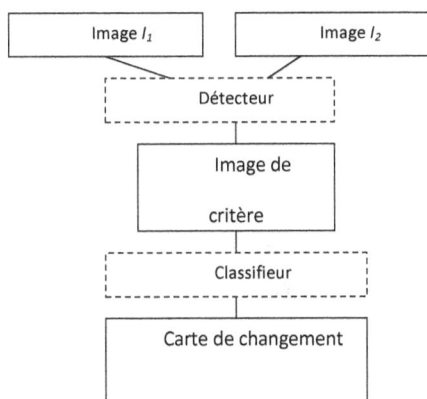

Figure 2 : Stratégie de détection de changement basée sur une image de critère par un détecteur simple [3]

La différence d'image, la différence d'image normalisée, le ratio d'images, l'application du logarithme au ratio d'images constituent une panoplie de détecteurs les plus couramment utilisés dans la littérature. Cependant, d'autres détecteurs plus sophistiqués, comme ceux basés sur des mesures de ressemblance, peuvent être utilisés à titre d'exemple, on peut citer la mesure de la corrélation de Kolmogorov-Smirnov et l'information mutuelle [12] et [13].

## I.3.1 La différence d'images

Grâce à sa simplicité d'interprétation et de mise en œuvre, la différence d'images est sans doute le détecteur le plus couramment utilisé. L'univariate image differencing (UID) consiste à effectuer la différence pixel à pixel entre l'image originale $I_1$ (ou de sa transformée) et l'image $I_2$ (ou de sa transformée) :

$$I_D(i,j) = I_2(i,j) - I_1(i,j) \qquad \text{I- 2}$$

Cette méthode permet d'obtenir une image dite « image différence » $I_D$, révélatrice des changements survenus entre les deux observations. Les pixels de l'image $ID$ ayant de grandes valeurs positives ou négatives sont susceptibles de caractériser des changements, alors que ceux ayant des valeurs proches de zéro correspondent aux pixels inchangés.

## I.3.2 La différence d'images normalisées

La standardized image differencing est une variante de l'UID, consiste à normaliser la différence d'images par la somme de ces mêmes images :

$$I_{DN}(i,j) = \frac{I_2(i,j) - I_1(i,j)}{I_2(i,j) + I_1(i,j)} \qquad \text{I- 3}$$

Ce détecteur, issu des standardized multi-temporal change feature (SMI), a été développé pour permettre la distinction de différents types de changement [14].

## I.3.3 Le ratio d'images

Tout aussi simple que la différence d'images, l'image rationing effectue le ratio, pixel par pixel, des images $I_1$ et $I_2$. L'image qui en résulte est l'image de ratio $I_R$ :

$$I_R(i,j) = \frac{I_2(i,j)}{I_1(i,j)} \qquad \text{I- 4}$$

Pour un pixel donné, une absence de changement important sera caractérisée par un ratio proche de 1. Si le ratio est inférieur ou supérieur à 1, cela signifie que ce pixel est susceptible d'appartenir à une zone de changement.

### I.3.4 Le logarithme du ratio d'images

Afin d'augmenter la dynamique de l'image de ratio, il a récemment été proposé d'utiliser le logarithme du ratio [15], L'image qui en résulte est l'image $I_{LR}$ :

$$ I_{LR}(i, j) = l \, n \left( \frac{I_2(i, j)}{I_1(i, j)} \right) \qquad \text{I-5} $$

L'histogramme de l'image de log-ratio décrit une plage de valeurs de pixels allant des valeurs négatives aux valeurs positives, où celles proches de zéro représentent les pixels de non-changement et celles à chacune des queues de l'histogramme représentent des changements de réflectivité entre les deux images [16].

### I.4 La méthode de régression

Le meilleur modèle mathématique décrivant la concordance entre deux images multi-date et représentant la même zone peut être développé à travers une équation de régression.

L'algorithme admet qu'un pixel à l'instant $t_1$ est exprimé en fonction d'une équation linéaire par rapport au même pixel à l'instant $t_2$ pour toutes les bandes représentant le spectre du rayonnement électromagnétique acquis par le capteur, l'équation de régression va nous permettre de calculer des différences de moyennes et des variances entre les valeurs des pixels pour différentes dates [17].

La Figure(3) illustre l'exemple d'une équation de régression représentant deux images d'une même scène mais à deux dates différentes.

33

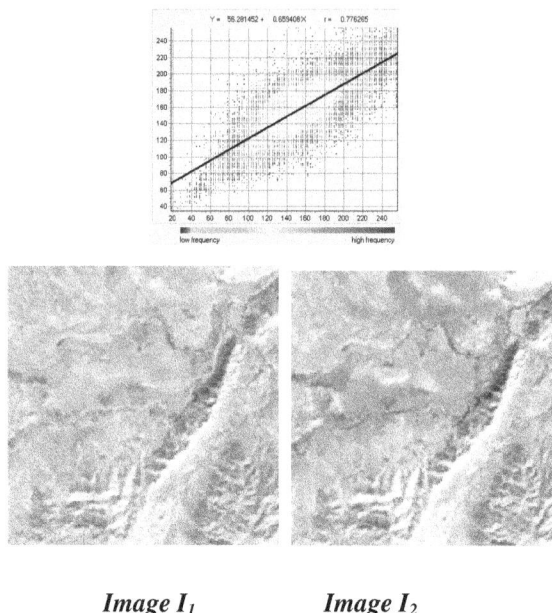

### *Image I₁*        *Image I₂*

Figure 3 :représentation d'un exemple d'équation de régression de deux images bi-dates

## I. 5 La comparaison post classification

Le principe de cette approche est d'effectuer la classification des deux images de façon indépendante, avec un nombre fixé de classes, pas forcément identique [18]. La génération de la carte de changement s'effectue ensuite en comparant les images thématiques obtenues. Les images de classes peuvent être obtenues en utilisant diverses techniques de segmentation (déterministe, probabiliste, floue), et la comparaison de ces images se fait en utilisant autant d'algorithmes de décision ou de fusion de l'information. La structure générale d'un algorithme « post classification comparaison»(PCC) est représentée par le schéma de la Figure(4). Les principaux inconvénients de cette méthode résident dans le fait que la PCC est fortement dépendante de la technique de comparaison choisie. En effet, l'identification des zones de changement se fait grâce à la comparaison des images segmentées. La précision de la détection est aussi fortement dépendante de la précision des classifications des images. En effet, un pixel peut être attribué à la classe '$A$' sur l'image $I_1$, puis à la classe '$B$' sur l'image $I_2$, et ceci, pour une faible variation de sa probabilité d'appartenance à la classe '$A$' ou '$B$', ce changement de classe ne permet donc pas d'affirmer que le pixel observé a effectivement changé. De plus, Il a été montré que la précision de la PCC est proportionnelle au produit des précisions des classifications initiales [2]. Afin de pallier cela, plusieurs techniques récentes [16], [19], [20] et [21] effectuent la classification initiale des images par des méthodes floues (type algorithme des k-moyennes floues). La prise en compte du flou dans la classification des images $I_1$ et $I_2$ permet alors d'améliorer la qualité de la détection de changement. Une deuxième difficulté majeure associée à cette technique demeure dans le choix du nombre de classes utilisée pour les segmentations initiales. Ce choix requiert des connaissances *a priori* sur les images, ce qui est rarement le cas dans un contexte opérationnel. Cependant, dans son principe, cette technique présente l'avantage de ne pas être restreinte à la détection de changement bi-dates.

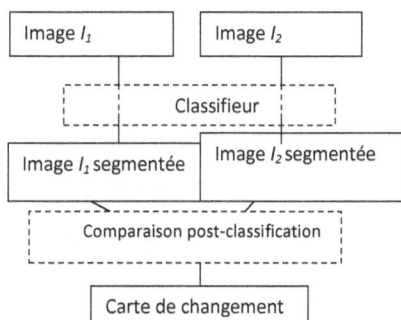

Figure 4 : Schéma présentant la détection de changement basée sur une PCC des images segmentées [3]

## I. 6 La classification conjointe

Cette approche consiste à générer la carte de changement à partir de la classification conjointe des deux images originales, à l'aide d'un algorithme statistique de segmentation. Cette technique estime au travers d'un algorithme de classification vectoriel, les densités de probabilités bidimensionnelles associées à chacune des classes dans les deux images. La détection et la localisation des changements peuvent alors se faire en étudiant et en comparant les marginales des distributions bi-dimensionnelles. Ainsi, une classe ayant des lois marginales différentes en termes de forme est susceptible de montrer une évolution entre les deux acquisitions et donc de caractériser un changement. Cette approche a l'avantage de ne pas considérer les changements en termes de pixels, mais plutôt en termes de classes thématiques, c'est-à-dire en tant que modification spatiale et temporelle des distributions des classes de l'image. La structure générale d'un algorithme de classification conjointe est présentée par la Figure (5). De nombreuses méthodes ont aussi été proposées dans ce contexte, à titre d'exemple, nous pouvons citer la technique utilisant les chaînes de Markov cachées vectorielles [22] et la distance de Kullback-Leibler entre les lois marginales [23], qui est une nouvelle mesure de similarité pour la détection automatique de changement entre images. Cette mesure est basée sur l'évolution des statistiques locales entre deux dates. Les statistiques locales sont estimées en utilisant des développements en séries de cumulant pour approximer les densités de probabilité dans le voisinage de chaque pixel des images. Le degré d'évolution des statistiques est mesuré à l'aide de la divergence de Kullback-Leibler.

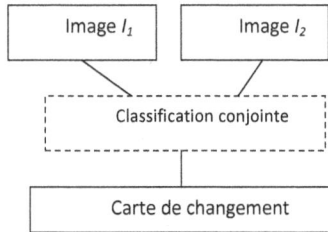

Figure 5 : Schéma de détection de changement basée sur la classification conjointe des images

Une expression analytique du détecteur est obtenue permettant ainsi un calcul rapide qui ne dépend que des 4 premiers moments statistiques. Cet indicateur de changement est comparé au détecteur classique du rapport de moyennes et aussi à d'autres détecteurs basés sur des modèles paramétriques.

Inglada et al. introduisirent également le concept de profil de changement multi-échelles (PCM) ainsi que sa mise en œuvre optimisée. Le PCM fournit une information de changement sur une large plage d'échelles d'analyse, ce qui permet, par exemple, de choisir, de façon adaptative, l'échelle optimale pour la détection.

De plus, un algorithme de classification pseudo-conjointe basé sur la théorie des ensembles flous a récemment été proposé par Agouris [24]. Tout comme pour la PCC, une difficulté majeure associée à cette technique réside dans le choix du nombre de classes dans la segmentation vectorielle. Cependant, dans son principe, cette technique n'est pas restreinte seulement à la détection de changement bi-dates.

## I. 7 Détection a contrario de changement

Le principale but de la détection a contrario des changements est de créer une carte de changements ε-significative. La détection a contrario consiste à déterminer le seuil à partir duquel on considère que ce n'est pas le modèle a priori qui est observé, mais bien un événement et qu'un événement est détecté comme un écart par rapport au modèle a priori [25]. Par la mise en place d'un critère probabiliste a contrario qui mesure la cohérence entre la séquence d'images « basses résolutions » et un état antérieur de référence représenté par une image haute résolution classifiée, [29] ont défini le Nombre de Fausses Alarmes (NFA) associé à un sous-domaine ou les pixels de changement correspondent alors au domaine complémentaire. Le modèle d'observations en l'absence de changements est appelée modèle a contrario. Dans ce modèle, les changements significatifs sont définis comme étant des événements de faible probabilité d'occurrence : un événement est dit $\varepsilon$-significatif si l'espérance du nombre d'occurrences de cet événement est inférieur à $\varepsilon$ dans le modèle a contrario [25]. La méthodologie a contrario est en fait reliée au cadre classique des tests d'hypothèses. L'approche a contrario consiste à rejeter l'hypothèse $H_0$ si la différence entre deux pixels (diff) est $\varepsilon$-significative. Si on considère l'événement «la probabilité de n'avoir aucun changement ». L'estimation sous l'hypothèse a contrario se fait tel que $H_0$ : « la probabilité P de la (diff) pour deux pixels donnés soit inférieur à un seuil $\varepsilon$ ».

Sachant que la probabilité d'obtenir un changement selon une distribution binomiale dans une série de k tirages : $P(x = k) = \binom{n}{k} P^k (1 - k)^{n-k}$.

Le NFA de cette différence est sa probabilité d'apparition dans un environnement aléatoire uniforme tel qu'on a une chance sur deux pour qu'elle se réalise : NFA(diff)=$P^k$N , où N : le nombre d'éléments de la différence.

## I. 8 Conclusion

Nous avons présenté quelques approches de détection de changement, chacune de ces méthodes, présente selon le type d'application des avantages et des inconvénients.

Cependant la plupart de ces méthodes s'appuient sur des connaissances a priori et sur des techniques de segmentation classique, or nous comptons introduire une nouvelle méthode de détection de changement en se basant sur une nouvelle approche a contrario trouvant ses origines dans de vieux concepts de la perception visuelle édifiée par les psychologues du 19 $^{ème}$ siècle.

**Chapitre II. La théorie de l'approche a contrario**

# Chapitre II. La théorie de l'approche a contrario

## II.1 Introduction

La méthode de détection a contrario s'inspire de recherches en psychologie de la vision afin d'imiter le cerveau humain. L'œil humain est capable de détecter des groupements, des lignes, des alignements, des objets dans une image ainsi le problème à modéliser serait celui de la détection. Le mécanisme de cette détection a été étudié par les psychologues et leur conclusion indique que le cerveau humain repère puis détecte des événements dans une image.

Dans une première partie nous nous intéresserons d'abord aux travaux de recherche initiée à la fin des années 90 par Desolneux, Moisan et Morel [25] [26] et [27] dont le but était de développer une théorie quantitative ou computationnelle de la perception visuelle basée sur les lois de la Gestalt. Selon la thèse des gestaltistes la perception visuelle est guidée par un processus de groupement de structures géométriques ayant des caractéristiques similaires, telles que la forme, la couleur, etc. Malgré la pertinence de leurs observations qualitatives sur la perception, l'école gestaltique n'a pas pu répondre à la question quantitative de déterminer le seuil au-delà duquel une structure géométrique est noyée dans le bruit et donc n'est plus visible par notre perception [28]. Desolneux, Moisan et Morel se sont proposés d'utiliser le principe de Helmholtz pour déterminer de tels seuils. Une structure géométrique déterminée G est perceptuellement significative quand son occurrence est très peu probable dans une image de bruit. Plus précisément G sera "ε-significative si l'espérance du nombre d'occurrences de G dans une image de bruit est plus petite que "ε". On note cette espérance par NFA(G), qui signifie Nombre de Fausses Alarmes de G. Nous voyons bien que cette approche se trouve à l'opposé de l'estimation bayesienne : elle n'utilise pas un modèle statistique sophistiqué d'image que la structure cherchée devra maximiser, mais au contraire elle utilise un modèle simple de fond ou de bruit que la structure cherchée doit minimiser pour être significative. Pour cette raison cette approche a été appelée détection a contrario [28].

L'approche a contrario adoptée par Robin et al. sera détaillée dans une seconde partie de cette section. Robin s'est intéressée à la détection de changement à partir d'images satellitales basse résolution d'une façon entièrement automatique et visant à extraire d'une image basse résolution le sous-domaine le plus cohérent avec une classification haute résolution donnée (les pixels de changement correspondent au domaine complémentaire). De manière que cette méthode inspirée de la modélisation a contrario introduite en analyse d'images par Desolneux, permette le calcul d'un niveau de significativité sans avoir à quantifier les écarts attendus (bruit, distorsions, variabilité intrinsèque, etc.) entre la classification haute résolution initiale et les observations basses résolutions ultérieures. Robin et al. commencent par préciser le système de formation des images, avant de dériver une expression explicite du critère de détection a contrario [29].

## II.2 Détection se basant sur les principes de la reconstruction visuelle

La définition donnée par le dictionnaire de la perception est la suivante : « La perception est la fonction par laquelle l'esprit se représente les objets ».

Rousseau écrivait : « Nos sensations sont purement passives, au lieu que toutes nos perceptions ou idées naissent d'un principe actif qui juge », Sartre quant à lui nous dit que « dans la perception, un savoir se forme lentement » [30].

Cependant, avant d'aborder le problème de la quantification de la perception visuelle préconisée par Desolneux et al. , nous énoncerons quelques principes de bases relatifs à la théorie gestaltite et aux différentes lois qui découlent du principe de Helmholtz.

## II.2.1 Les principes de base de la théorie gestaltite

Le mot allemand Gestalt est traduit par « forme » (Gestalt théorie signifie « théorie de la forme »), mais il s'agit en réalité de quelque chose de beaucoup plus complexe, qu'aucun mot ne traduit exactement dans aucune langue. Aussi, a-t-on conservé ce terme de gestalt. On trouve son origine dans quelques idées de Goethe. Aux 19e et 20e siècles ce sont Ernst Mach et surtout Christian von Ehrenfels qui la développent, aussi bien que Max Wertheimer, Wolfgang Köhler, Kurt Koffka et Kurt Lewin [31].

En effet, la Gestalt théorie contribue largement à la compréhension des phénomènes de la perception en montrant que l'on perçoit l'ensemble (forme globale) comme un tout organisé (forme organisée). Les principes de bases de la « Gestalt théorie » se résume par le postulat Gestaltiste suivant : « Le monde, le processus perceptif et les processus neurophysiologiques sont isomorphes, c'est à dire structuré de la même façon, ils se ressemblent dans leurs structures et les lois d'une certaine façon » [31].

Pour Wertheimer, les objets sont perçus directement comme des entités globales parce que l'esprit est un programme pour reconnaître instantanément des formes géométriques simples et même pour les créer quand elles n'existent pas [31].

D'un point de vue analytique, la perception sera expliquée par une « inférence inconsciente » (selon Helmholtz) faite à partir de la sensation pure d'une forme et la prise en compte d'autres informations sensorielles dont la combinaison nous conduira à rectifier la sensation initiale. D'après D'Alés et al. le processus de la perception visuelle humaine se forme d'une manière successive et en fonction :

- Du regroupement perceptif ou unification où certaines régions dans l'image sont perçues comme un tout homogène [32]. Les points noircis sont perçus comme un objet unique, le principe organisateur qui provoque cette unification est l'identité chromatique.

Figure 6 : Une tâche d'encre sur un fond blanc

- De la rigidification : il s'agit d'une forme particulière de regroupement perceptif, dans laquelle on attribue une qualité supplémentaire à l'objet visuel. Se dit aussi d'un élément de structure auquel sont ajoutés d'autres éléments permettant d'en diminuer les déformations.

Figure 7 : Deux segments rigidifiés

- L'articulation tout-parties : consiste à comprendre comment les parties d'un objet s'articulent entre elles et quel est le rapport avec l'objet visuel qui les englobe. Dans le cas de deux segments, ils peuvent bouger indépendamment autour de leur extrémité commune.

45

- L'ordre dans l'espace : la théorie de la Gestalt affirme que l'unité perceptive d'un phénomène n'est pas réductible à l'analyse de ses parties. Sa forme (gestalt) résulte de la distinction spontanée que nous effectuons entre la figure et le fond. Elle est réglée par des lois structurales.

- La reconstruction perspective : la position relative des objets présents dans le champ visuel [31].

## II.2.2 Le principe de Helmholtz

Helmholtz aborda les problèmes généraux de la perception et introduisit la notion d'inférence inconsciente pour expliquer que dans la perception la référence objective peut trouver sa source dans des repères qui ne sont pas immédiatement accessibles à la conscience.

Les outils de détection *a contrario* reposent sur deux idées principales :

➤ la détection par réfutation d'un modèle naïf (ce qui est à la base du principe de Helmholtz),

➤ la mesure de la fiabilité d'une détection par une espérance mathématique afin de résoudre le problème de la dépendance.

Desolneux est la première à avoir donné un cadre mathématique au phénomène de groupement géométrique décrit par la théorie gestaltiste. Un groupement du type points alignés" ou des segments parallèles" sera appelé un événement significatif".

Les travaux de Desolneux ont débuté d'abord par la détection d'une des gestalts les plus simples: l'alignement, les segments ainsi formés (par groupement de points selon le critère d'alignement) ayant chacun une longueur et une orientation. Ensuite elle a étudié par le biais de la définition des modes significatifs" d'un histogramme, la possibilité de les grouper selon des critères tels que le parallélisme ou la même longueur". Enfin, Desolneux s'est aussi intéressé à la détection de la gestalt à contraste fort".

## II.3 Formulation mathématique de la reconstitution visuelle

Parmi l'ensemble des principes de la reconstruction visuelle présents, seul le principe fondamental d'identité chromatique peut facilement se simuler à partir de la structure matricielle des images, et ceci par des techniques de densité locale. Les autres principes font appel à des considérations géométriques portant sur des objets déjà unifiés, ce qui implique une représentation de l'image en des termes géométriques que sont les régions, les courbes, etc. [31]. Wertheimer avait relevé que notre reconnaissance des objets est indépendante de leur couleur ou luminosité. L'énergie lumineuse reçue et émise par les objets varie considérablement selon l'éclairage ambiant et les objets environnants.

## II.3.1 Le principe de Wertheimer

Le principe d'invariance par changement de contraste appelé principe de Wertheimer, stipule que l'analyse de l'image ne doit pas dépendre de l'échelle selon laquelle les niveaux de gris sont mesurés. En effet, le changement de contraste d'une image numérique consiste à modifier l'échelle des niveaux de gris de l'image [31] (Figure 8).

Figure 8 :   Image originale (SPOT5)

Figure 9 : Image après variation du contraste

Si par exemple une image a des parties trop sombres, le changement de contraste permet d'éclaircir les zones sombres. Le principe de Wertheimer nous astreint à définir pour une image les parties significatives comme des entités qui ne changent pas si on modifie le contraste de l'image. Froment [32] propose d'utiliser la représentation par lignes de niveau, laquelle est construite à partir d'ensembles de niveaux. Un ensemble de niveaux est défini par :

$$X_\lambda = \{x \, / \, u(x) \geq \lambda\}$$
II- 1

La suite des ensembles de niveaux $X_\lambda$ permet de reconstruire l'image par la formule suivante :

$$u(x) = \arg \sup_\lambda \{x \in X_\lambda\}$$
II- 2

La représentation par lignes de niveau contient les bords des composantes connexes des ensembles de niveaux, qui sont des courbes de Jordan fermées (orientées afin de différencier l'intérieur de l'ensemble de son extérieur), ainsi que le niveau associé. Un simple algorithme de remplissage permet de retrouver à partir de cette information la suite des ensembles de niveaux $(X_\lambda)$. La carte topographique d'une image est une figure qui trace l'emplacement de ses courbes de niveau. Afin de préserver le sens de l'image, seuls certains niveaux de gris sont représentés, ce qui correspond a une quantification de l'image. La Figure 23 donne un exemple de carte topographique, l'image numérique associée est une portion extraite d'une image SPOT5 (figure (10) et (11)). Sur cet exemple, les niveaux de gris sont pris avec un pas de 29. L'image a été obtenue par numérisation sur 256 niveaux de gris d'une portion de l'image quantifiée.

Figure 10 : Quantification avec un pas de 29

Figure 11: Carte topographique présentant des lignes de niveaux

## II.3.2 De la nature discrète de l'image aux structures géométriques

D'après Desolneux, une image numérique résulte d'une convolution suivie par un échantillonnage spatial telle qu'elle a été décrit par la théorie de Shannon et c'est par interpolation qu'on retrouve une image continue. Pourtant, ces échantillons contiennent toutes les informations relatives à l'image et de ce point de vue, Desolneux [25] soutient que l'image ne peut pas contenir de structures géométriques telles que les droites rectilignes, les cercles etc. Pour cette raison elle a tenté d'expliquer ce que c'est qu'une information locale de base dans une image numérique et par conséquent le passage d'un espace d'informations discrètes à un espace de structures géométriques. Et dans cette perspective elle considère les niveaux de gris d'une image de dimension $NxN$. A chaque point $x$, ou pixel, de grille discrète, la fonction $u(x)$ pour représenter les niveaux de gris. Ce qui facilite le calcul du gradient normalisé en chaque point $x$ de l'image qui est simplement la variation locale du contraste. Le calcul de la direction qui n'est autre que la direction de la ligne de niveau passant par le point calculé sur qxq pixels voisins (généralement q=2). La direction du vecteur $dir(i,j)$ attachée à chaque point $(i,j)$ de l'image est simplement obtenue par une rotation de $\Pi/2$ du gradient normalisé. Il représente donc la direction locale de la ligne de niveau     $(u = constante)$ passant à travers le point en question.

Selon un schéma de simple différence : $dir(i,j) = \dfrac{1}{\|\vec{D}\|} \vec{D}$

Ou

$$\vec{D} = 1/2 \begin{pmatrix} -u(i,j+1) - u(i+1,j) + u(i,j) + u(i,j+1) \\ u(i+1,j) + u(i+1,j+1) - u(i,j) - u(i,j+1) \end{pmatrix}$$   II- 3

**Nous pouvons dire que *2* points *X* et *Y* ont la même direction avec une précision de *1/n* si** $\left| Angle(\, dir(\, X \,), dir(\, Y \,)) \right| \leq \dfrac{\varPi}{n}$ **.**

En accord avec la psycho-physique et les expériences numériques, Desolneux [25] considère que *n* ne doit pas être supérieur à *16* ( *n≤16*).

Cependant, d'après le principe de Helmholtz la direction de tous les points contenus dans l'image sont traitées comme étant des variables aléatoires uniformément distribuées.

Dans ce qui suit Desolneux [25] suppose que *n>2*, pose *p=1/n* ( *p<1/2*), *p* étant la précision de la direction et interprète *p* comme une probabilité que *2* points indépendants aient la même direction avec la précision *p* donnée. Et dorénavant, le calcul se fait en se basant sur le principe de Helmholtz, comme si chaque pixel à une direction uniformément distribuée. Deux points situés à une distance plus grande que *q=2* ont par conséquent une direction indépendante.

Soit *A* est un segment de l'image ayant *L* pixels indépendants alors la distance entre *2* points consécutifs de *A* est égal à *2*, d'où la longueur réelle de *A* est *2L*. Le calcul se fait sur un nombre de points de *A* ayant leur direction alignée avec celle de *A*.

La question posée par Desolneux [25] est : quelle est le nombre minimal *k(l)* de points alignés qu'on devrait observer dans un segment de longueur *L* de façon à ce que cet événement devienne significatif quand il est observé dans une image.

**II.3.3 Détection d'évènements significatifs**

Desolneux [25] affirme que l'un des principaux problèmes dans toutes les approches statistiques d'analyse d'images est le choix de la distribution de probabilité *a priori*. En considérant une image dégradée observée, notée "obs", on cherche à retrouver l'image originale *I* définie comme étant "l'image la plus probable sachant l'image observée". A l'aide de la formule de Bayes, ce problème se ramène à trouver le maximum *a posteriori* (MAP) de :

$$P[I / obs] = \frac{P[obs / I]}{P[obs]} . p(I)$$  II- 4

Le terme *p[I/obs]* représente le modèle de dégradation (par exemple un bruit gaussien). Le terme *p[I]* est la distribution de probabilité *a priori* sur les images, la distribution de probabilité *p[obs]* peut aussi être "apprise" en étudiant des statistiques sur un vaste ensemble d'images naturelles.

Parmi les différents principes organisateurs qui guident la reconstruction visuelle le principe de continuité de direction qui joue un rôle essentiel pour structurer l'information contenue dans les images numériques.

Soit un ensemble de dix petits disques noirs sur une feuille blanche. Supposons que six de ces disques soient alignés. On peut alors calculer la probabilité $P_0$ d'un tel événement en supposant préalablement que les positions des disques sont indépendantes et uniformément distribuées sur la feuille. Si cette probabilité $P_0$ est suffisamment petite, nous dirons que l'événement est significatif. Reste évidemment à fixer le seuil T tel que "$P_0 < T$" implique "l'événement est significatif".

Cette méthode d'analyse d'image proposée par Desolneux [25] s'appuie sur le principe d'Helmholtz selon lequel les évènements significatifs sont improbables.

Cette théorie de la significativité permet d'associer un Nombre de Fausses Alarmes (NFA) à chaque événement géométrique (segment, bord, transition, objet fermé, etc.) observé dans une image. Dès qu'un événement possède un Nombre de Fausses Alarmes (NFA) plus petit que 1, l'événement peut être considéré comme significatif et il l'est d'autant plus que le NFA est petit. Cette méthode permet d'extraire automatiquement les formes géométriques contenues dans une image.

Pour ce faire, Desolneux [25] considère la définition générale suivante : un événement du type "telle configuration de points a telle propriété" est ε- significatif si l'espérance du nombre d'occurrences de cet événement dans une image est inférieure à ε.

Une telle définition garantit qu'en moyenne on a moins "d'événements ε-significatifs" par hasard dans une image, ce qui peut aussi s'exprimer par le fait d'avoir un nombre de fausses alarmes" inférieur a ε ". Ainsi, les événements significatifs sont des événements rares qui ne peuvent pas se produire par hasard plus de ε fois en moyenne par image. Par défaut, fixer égal à 1.

## II.3.3.1 Expression mathématique d'un événement significatif

Desolneux [25] définit un événement significatif comme étant une estimation probabiliste pour que cet événement ne se réalise pas. Et elle considère le segment $A$ rectiligne de longueur $L$ et $x_1, x_2, \ldots x_L$ sont les points indépendants de $A$ avec $X_i$ la variable aléatoire qui prend la valeur $1$ quand la direction du pixel $x_i$ est alignée avec la direction de $A$ sinon 0, d'où la distribution de Bernoulli de $X_i$ :

$$P[X_i = 1] = P \qquad \text{et} \qquad P[X_i = 0] = 1 - P$$

La variable aléatoire représentant le nombre de $X_i$ ayant la "*bonne direction*" est : $S_L = X_1 + X_2 + \ldots\ldots X_L$ et puisque les $X_i$ sont indépendants alors $S_L$ suit la loi binomiale :

$$P[S_L = K] = \binom{L}{K} p^K (1-p)^{L-K} \qquad \text{II- 5}$$

Néanmoins, l'on désire savoir si le segment de longueur $L$ considéré est ε- significative parmi tous les segments de l'image (et non seulement les segments ayant la même longueur L).

Soit *m(L)* le nombre des segments ayant la même orientation et la même longueur $L$ dans une image de *NxN* pixels. On définit le nombre total des segments orientés dans l'image *NxN* comme étant le nombre de paire *(X,Y)* de points dans l'image ( l'orientation du segment est donnée par un point de début et un point de fin ) et dans ce cas nous avons [25] :

$$\sum_{L=1}^{L\max} m(L) \approx N^4 \qquad \text{II- 6}$$

### II.3.3.2 Définition du seuil de détection

Le "seuil de détection" a été défini par Desolneux [25] comme étant la famille de valeurs positive

$$W(L, \varepsilon, N), \ 1 \le L \le L_{\max} \quad \text{tel que} \sum_{L=1}^{L\max} W(L, \varepsilon, N) \ m(L) \le \varepsilon \qquad \text{II- 7}$$

### II.3.3.3 Définition d'un ε- segment significatif

Un segment de longueur L est ε- segment significatif dans une image NxN quand il contient au moins k (L) points ayant leur direction alignée avec le segment en question ou k (L) est donné par :

$$k(L) = \min \left\{ k \in \mathsf{N}, \quad p\left[S_L \geq k\right] \leq w(L, \varepsilon, N) \right\}_{\text{II-8}}$$

Cette définition telle qu'elle a été développée par Desolneux [25] pour $1 \leq i \leq N^4$, soit $e_i$ l'événement suivant : « le $i^{\text{éme}}$ segment est $\varepsilon$- segment significatif » et on note $\chi e_i$ la fonction caractéristique de l'événement $e_i$, nous avons : $p\left[\chi_{e_L} = 1\right] = p[S_{L_i} \geq k(L_i)]$ ou $L_i$ est la longueur du $i^{\text{éme}}$ segment.

Et lorsque $L_i$ est petit nous avons $p[S_{L_i} \geq k(L_i)] = 0$.

Soit R la variable aléatoire représentant le nombre exact des $e_i$ occurrence simultanément.

On a $R = \chi_{e_1} + \chi_{e_2} + \dots\dots \chi_{e_{N^4}}$, l'espérance de $R$ est :

$$E(R) = E(\chi_{e_1}) + E(\chi_{e_2}) + \dots\dots E(\chi_{e_{N^4}}) = \sum_{L=1}^{L\max} m(L)\, p[S_L \geq k(L)] \qquad \text{II-9}$$

Ce qui revient a calculé l'espérance de $R$ et non sa loi, car elle dépend énormément de la dépendance des événements $e_i$.

En effet, ce segment peut croiser ou chevaucher d'où l'événement $e_i$ n'est pas indépendant, mais étroitement dépendant et nous pouvons écrire :

$$p\left[S_L \geq k(L)\right] \leq w(L, \varepsilon, N) \qquad \text{donc} \qquad E(R) \leq \sum_{L=1}^{L\max} w(L, \varepsilon, N)\, m(L) \leq \varepsilon \qquad \text{II-10}$$

Ce qui veut dire que l'espérance du nombre de segments $\varepsilon$- significatif dans une image est plus petite que $\varepsilon$.

Desolneux choisit une famille de seuil de détection uniforme :

$$\forall\ L \geq 1, \qquad w(L, \varepsilon, N) = \frac{\varepsilon}{N^4} \qquad \text{II- 11}$$

Autrement dit, un segment de longueur $L$ est $\varepsilon$- significatif dans une image de $NxN$ si elle contient au moins $k(L)$ points ayant leur direction alignée avec le segment, ou $k(L)$ est donné par :

$$k(L) = \min\left\{k \in \mathbb{N},\ p[S_L \geq k] \leq \frac{\varepsilon}{N^4}\right\} \qquad \text{II- 12}$$

En remplaçant $p(k, L)$ par $p[S_L \geq k]$.

### II.3.3.4 Définition du Nombre de Fausses Alarmes

Soit $A$ un segment de longueur $L_0$ avec $k_0$ points ayant la même direction que $A$.

Desolneux [25] définit le nombre de fausse alarme de $A$ selon l'expression suivante :

$$N\text{FA}(k_0, L_0) = N^4 \cdot p[S_{L_0} \geq k_0] = N^4 \sum_{k=k_0}^{L_0} \binom{L_0}{k} p^k (1-p)^{L_0-k} \qquad \text{II- 13}$$

Le $NFA(k_0, L_0)$ du segment $A$ représente la borne supérieure de l'espérance dans une image du segment $\alpha$-significative ou $\alpha = NFA(k_0, L_0)$.

### II.4 Approche a contrario pour la détection du changement à partir d'images satellitales

L'approche a contrario adoptée par Robin et al. [29] pour la détection de changement à partir d'images satellitales basses résolutions est entièrement automatique et vise à extraire d'une image basse résolution le sous-domaine le plus cohérent avec une classification haute résolution donnée (les pixels de changement correspondent alors au domaine complémentaire). Cependant cette méthode est inspirée de la modélisation a contrario introduite en analyse d'images par Desolneux [25], permettant ainsi de calculer un niveau de significativité sans avoir à quantifier les écarts attendus (bruit, distorsions, variabilité intrinsèque, etc.) entre la classification haute résolution initiale et les observations basses résolutions ultérieures.

Robin et al.[29] ont mis en place le système de formation des images, ensuite une expression explicite du critère de détection a contrario (Nombre de Fausses Alarmes) a été déduite et enfin une discussion sur les performances théoriques a été débattue et enfin un algorithme stochastique associé à ce critère a été simulé [29].

## II.4 .1 Modèle d'image

Le principe général mis en place par Robin [29] consiste à partir d'une classification haute résolution (HR) correspondant à une date $t_0$ et d'une séquence d'images basses résolution (BR) de la même région acquise ultérieurement, pour déterminer dans quel sous-domaine spatial cette classification est encore correcte à un temps $t > t_0$ donné.

Pour chaque sous-domaine de l'image BR, il s'agit de mesurer la cohérence entre la classification HR et la séquence BR observée par le degré de contradiction qu'elle implique sur un modèle simple. Robin suppose disponible les données suivantes :

- une classification HR : $C$ de la région d'intérêt à la date $t_0$. Cette classification associe un label $l$ à chaque pixel du domaine HR, où $l \in L$ et $L$ représente l'ensemble des types d'occupation du sol possible.

- une séquence d'images BR de la même zone, acquises à des dates ultérieures à $t_0$.

La modélisation de l'image HR proposée par Robin se fait en fonction de l'information spatiale haute résolution et des caractéristiques des classes (intensité moyenne). Et l'on suppose que chaque pixel HR représente une surface dont le type d'occupation est décrit par un label unique (classe pure). La valeur moyenne d'un pixel BR correspond alors à la somme des moyennes caractéristiques de chaque type d'occupation du sol, pondérées par leur taux d'occupation au sein du pixel.

La formulation mathématique proposée par Robin consiste à considérer le pixel y appartenant au domaine BR. $\Omega$ et $\alpha_1(y)$ Étant donnée la surface relative occupée par le label l dans le pixel y par construction on a $\sum_{l\in L}\alpha_l(y)=1$.

En notant $e=(e_l)_{l\in L}$, l'intensité moyenne caractéristique de chaque label, une estimation de l'intensité en un pixel BR y est donnée par :

$$\hat{v}(y) = \sum_{l\in L}\alpha_l(y)\,e_l \qquad \text{II- 14}$$

Cette hypothèse est bien connue sous le nom de modèle linéaire de mélange [33] et [34] in [29].

**II.4.2 La détection a contrario du changement**

La détection a contrario de changement tel qu'elle a été défini par Robin et al. [29] consiste à établir la différence entre l'image estimée ($\hat{v}$) (Equation II-14) et observée ($v$) sur un sous-domaine $\omega$ de $\Omega$ et qui est mesurée, en norme L$^2$, par :

$$E(\omega,e) = \sum_{y\in\omega}((v(y)-\hat{v}(y))^2 \qquad \text{II- 15}$$

Dans ce problème, on suppose que la famille (e) des moyennes caractéristiques des classes est inconnue et l'on cherche l'erreur minimale :

$$\overline{E}(\omega) = \min_{e} E(\omega, e)$$

II- 16

La principale difficulté de l'apparition de changement dans un domaine ω, est la définition d'un seuil *a priori* sur $\overline{E}(\omega)$. De plus, pour caractériser le domaine le plus inchangé ω, il est nécessaire de normaliser la valeur de l'erreur en fonction de la taille du domaine considéré.

La solution qui a été préconisée par Robin [29] consiste à formaliser la détection d'une structure donnée comme un événement très improbable par rapport à une hypothèse naïve sur les données.

Soit **H₀** : Le modèle naïf pour l'image basse résolution qui est un processus aléatoire de variables aléatoires gaussiennes avec : N ($\mu,\sigma^2$) où $\mu \in R$ et $\sigma > 0$ qui sont fixés.

Ainsi d'après Desolneux[25], Robin [29] a défini le Nombre de Fausses Alarmes (NFA) associé au sous-domaine $\omega \subset \Omega$ par :

$$NFA(\omega, \delta, \sigma, \mu) = \eta(\omega, \Omega). P\left[\overline{E}(\omega) \leq \delta \,\middle|\, H_0\right]$$

II- 17

Ainsi, le terme $P\left[\overline{E}(\omega) \leq \delta \,\middle|\, H_0\right]$ représente la probabilité, pour le domaine ω, d'obtenir une erreur quadratique particulièrement faible dans une image BR aléatoire.

Et les $\eta(\omega,\Omega)$ sont des coefficients de pondération vérifiant $\sum_{\omega \subset \Omega} \eta(\omega,\Omega)^{-1} \leq 1$, ils permettent de répartir le Nombre de Fausses Alarmes attendu sur l'ensemble des sous-domaines $\omega \subset \Omega$.

Ce qui amène Robin a définir la significativité d'un sous-domaine $\omega \subset \Omega$, en effet un sous-domaine $\omega \subset \Omega$ est dit ε-significatif si :

$$NFA \ ( \ \omega \ , \bar{E} \ ( \ \omega \ ), \sigma \ , \mu \ ) \leq \varepsilon \qquad \text{II- 18}$$

L'espérance du nombre de domaines ε-significatifs sous l'hypothèse $H_0$ est inférieure ou égale à ε.

Plus le NFA est faible, plus le domaine $\omega$ est cohérent avec le modèle de l'image. Classiquement, on choisit ε = 1 pour garantir, en moyenne, au plus une fausse détection.

Le choix le plus simple pour $\eta(\omega,\Omega)$ est $\eta(\omega,\Omega) = 2^{|\Omega|}$, ce qui répartit le risque de fausse détection uniformément sur tous les sous-domaines, mais rend improbable la détection par hasard de domaines très petits ($|\omega| \approx |\Omega|$) ou très grands ($|\omega| << |\Omega|$). Pour comparer équitablement des domaines de taille différente, il est plus judicieux de répartir le risque par taille, en prenant :

$$\eta ( \ \omega \ , \Omega \ ) = |\Omega| \binom{|\Omega|}{|\omega|} \qquad \text{II- 19}$$

Avec l'hypothèse a contrario donnée par $H_0$, le NFA peut être calculé explicitement et d'où l'énoncé du théorème établi par Robin [29] :

soit $\quad P(\alpha, x) = \dfrac{1}{\Gamma(\alpha)} \displaystyle\int_0^x e^{-t} t^{\alpha-1} dt \quad$ alors

$$NFA\,(\omega, \delta, \sigma, \mu) = \eta(\omega, \Omega).\,P\left( \frac{|\omega| - |L|}{2}, \frac{\delta}{2\sigma^2} \right) \qquad\qquad \text{II- 20}$$

Avec cette nouvelle mesure, le domaine ω le plus cohérent avec la classification initiale peut être facilement sélectionné, en tant que domaine ω minimisant $NFA\,(\,\omega, \bar{E}(\,\omega\,), \sigma, \mu\,)$.

Le Nombre de Fausses Alarmes obtenu est en fait indépendant du choix de μ.

En pratique, la variance $\sigma^2$ du modèle naïf ($H_0$) est fixée égale à la variance empirique de l'image BR analysée de façon à garantir l'absence de toute détection dans une image de bruit blanc [29].

**II.4.3 La mise en œuvre de la détection a contrario du changement**

Le modèle de détection tel qu'il a été établi et évalué par Robin [29] prouve ses performances théoriques dans le cas du modèle simple pour l'image observée, où $v = \hat{v} + b$ représente l'image idéale décrite par l'équation II-14 et b représente un processus de variables aléatoires gaussiennes avec $N(0, \sigma_b^2)$ modélisant la variabilité intra-classe. Sous cette hypothèse, la variance de v s'écrit $\sigma^2 = \sigma_0^2 + \sigma_b^2$

$\sigma_0^2$ représente la variance empirique de $\hat{v}$ (variance interclasse).

Le résidu moyen vaut alors $\bar{\delta} = E\left[ \bar{E}(\omega) \right] = |\omega| \sigma_{b'}^2$. La performance moyenne de la méthode est estimée (seuil de détectabilité) grâce au $NFA(\omega, \bar{\delta}, \sigma)$

$$NFA\ (\omega, \overline{\delta}, \sigma) = |\Omega| \binom{\Omega}{\omega} . P \left( \frac{|\omega| - |L|}{2}, \frac{|\omega|}{2(\frac{\sigma_0}{\sigma_b})^2 + 2} \right) \qquad \text{II- 21}$$

Ce Nombre de Fausses Alarmes typiques dépend de la taille de $\omega$ et du rapport $c = \dfrac{\sigma_0}{\sigma_b}$, appelé contraste.

L'étude de ses variations en fonction du contraste et de la taille des domaines $|\Omega|$ et $|\omega|$ conduit aux propriétés suivantes :

- le NFA typique étant une fonction décroissante du contraste de l'image, plus la valeur du contraste est élevée, plus le domaine $\Omega$ est détectable ;

- pour un domaine de taille fixée, tout sous-domaine $\omega$ peut être détecté dès que le contraste c est suffisamment fort,

- pour un niveau de contraste c>0 fixé, il existe une proportion critique p(c)∈ [0, 1[ telle que tout sous-domaine $\omega$ de taille $|\omega| > p(c)|\Omega|$ peut être détecté dès que le domaine est suffisamment grand.

Concrètement, Robin met en place un algorithme qui prend en entrée une classification HR et une image BR de la même scène, et retourne une estimation du sous-domaine $\omega$ le plus cohérent avec la classification (c'est-à-dire avec un NFA minimal).

affecter à $\delta^2$ la variance de l'image BR

initialiser $\delta_{min}$ et $NFA_{min}$ à $+\infty$

répéter N fois

    tirer aléatoirement un ensemble de $|L|$ pixels de $\Omega$

    calculer $\varepsilon$ en résolvant ( II.4 pour $y \in I$ (matrice carrée)

    calculer $r(y) = (\bar{v}(y) - v(y))^2$ pour $y \in \Omega$ en utilisant (II-14)

      trier $\Omega$ en $(y_i)_{1 \leq i \leq |\Omega|}$ par $r(y_i)$ croissants

      poser $\delta = 0$

      pour $k = |L| + 1$ à $k = |\Omega|$

        poser $\delta = \delta + r(y_k)$

        si $\delta < \delta_{min}[k]$ alors

            mettre à jour $\delta_{min}[k]$

            si $NFA(k,\delta,\sigma) < NFA_{min}$ alors

            mettre à jour $NFA_{min}$ et poser $\omega = \{y_i\}_{i=1...k}$

            fin

Etant donné la taille des images considérées, une exploration des $2^{|\Omega|}$ sous-domaines n'est pas envisageable. Une stratégie de type Randon Sample Consensus [35] et [36] a été par conséquent utilisée.

Le seul paramètre de l'algorithme est le nombre total d'itérations N. Pour les expériences présentées, une bonne convergence de l'algorithme a été obtenue pour N = 10000, [29].

## II.5 Conclusion

Dans ce chapitre nous avons tenté d'introduire l'approche a contrario telle qu'elle a été conçue par Desolneux dans le cadre de la détection d'événements significatifs se basant sur le concept de la reconstruction visuelle introduite par les psychologues gestaltites .

Ainsi, dans une première étape nous avons essayé d'apporter quelques détails concernant les principes de base relatifs aux différentes lois gestaltite et au principe de Helmholtz, étant donné que l'approche a contrario émane de ces principes.

Dans une seconde étape, nous avons exposé l'essentiel de la méthode instaurée par Desolneux.

Enfin dans une dernière étape nous avons abordé l'approche a contrario pour la détection de changement appliquée aux images satellitales hautes et basses résolutions, telle qu'elle a été développée par Robin.

**Chapitre III. Analyse spatiale pour la détection de changement**

**Chapitre III. Analyse spatiale pour la détection de changement**

**III.1 Introduction**

L'analyse multi-échelle concerne des données fournies par des capteurs présentant des caractéristiques différentes, les images délivrées par ces capteurs permettent la distinction des structures géométriques en fonction de la résolution spatiale [37].

L'analyse multi-échelle nous permet en cas de l'apparition de changement brusque de déclencher une alarme dans le cas de l'avènement d'un phénomène naturel quelconque ou de la survenance d'une catastrophe (incendies, avalanches, inondations…).

Le principal objectif dans cette partie est de détecter de changement dans des images satellitales hautes et basses résolutions en se basant sur des méthodes de maîtrise statistique des procédés (MSP) ?

Dans une première partie nous allons tenter de mettre en œuvre des techniques d'analyse spatiale qui nous permettent d'évaluer l'effet de l'ordre de grandeur de la résolution spatiale des images satellitales afin d'écarter l'erreur due au changement d'échelle. Ensuite dans une deuxième partie nous comptons détecter les changements présents dans plusieurs images satellitales ayant différentes résolutions en considérant les limites inférieures et supérieures déduites du principe des cartes de contrôle. Et enfin dans une dernière partie nous exposerons et discuterons les résultats trouvés.

**III.2 Analyse spatiale pour la détection de changement dû à la résolution spatiale**

**III.2.1 Images sélectionnées pour l'étude**

Les données utilisées se caractérisent par leur :

✓ résolution spatiale : taille au sol des pixels, étendue des images.

✓ résolution spectrale : largeur des bandes spectrales détectées.

✓ résolution temporelle : intervalle entre les prises de vue d'un même lieu, dépendant de l'orbite du satellite.

**Tableau 2. Description des données**

| Description | SPOT4 multispectrale | SPOT5 Panchromatique |
|---|---|---|
| **Bandes spectrales** | B1 : 0,51-0,59 µm<br><br>B2 : 0,61-0,68 µm<br><br>B3 : 0,79-0,89 µm<br><br>B4 : 1,58-1,75 µm | 0,49 à 0,69 µm |
| **Date** | 11 mars 2000 | 28 avril 2003 |
| **Résolution** | 20 m | 5 m |

En partant d'une image SPOT5 panchromatique ayant une haute résolution spatiale, nous avons simulé une image BR en effectuant un simple moyennage. L'image a été classifiée avant le moyennage d'une part et après le moyennage d'autre part dans le but de détecter les changements dus au changement de la résolution et ce qui a été désigné par « Faux changement ».

Ensuite, afin de valider nos résultats nous avions prévu de comparer le résultat obtenu précédemment avec une image BR SPOT4 à la même date que l'image SPOT5 HR. Mais, devant l'indisponibilité de cette dernière donnée (SPOT4, 2003) la validation de cette démarche n'a pas pu être réalisée. La figure(12) nous donne une description de la méthodologie suivie.

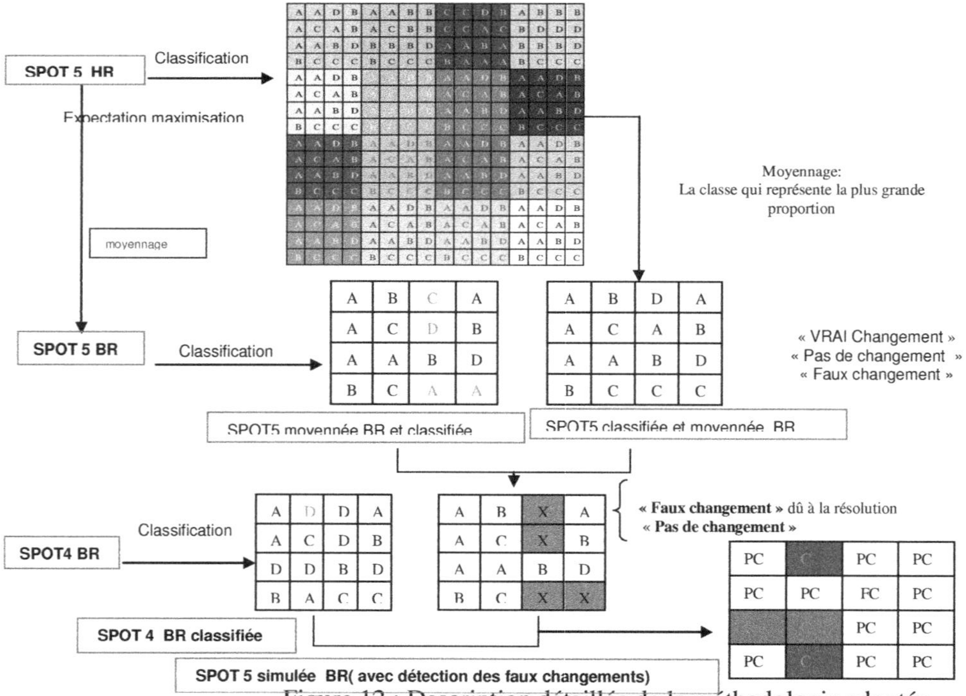

Figure 12 : Description détaillée de la méthodologie adoptée

### III.2.2 Opération de Moyennage

L'opération de passage d'une image haute résolution à une image basse résolution se fait par un simple regroupement des pixels selon le rapport de l'ordre de grandeur de la résolution et affectation de la valeur moyenne fournit par l'ensemble des pixels regroupés.

$$X_m = \frac{\sum x_i n_x}{N} \qquad\qquad \text{III- 1}$$

$X_m$ : La moyenne des niveaux de gris

$x_i$ : Niveau de gris du $i^{\text{ème}}$ pixel

$n_x$ : Le nombre de niveaux de gris

N : Nombre de pixel de la fenêtre

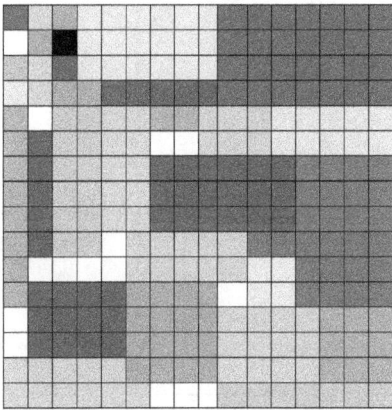

Figure 13 : Image haute résolution à un instant $t_0$

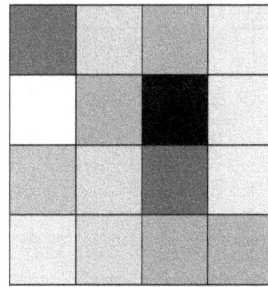

Figure 14 : image obtenue après moyennage : Simulation d'une image basse résolution à partir d'une image haute résolution par regroupement de 16 pixels en 1 pixel

71

## III.3 Analyse spatiale pour la détection de changement basée sur le principe des MSP

Le tableau 3, nous donne quelques exemples concernant certaines caractéristiques d'images fournies par plusieurs capteurs.

**Tableau 3 . Exemples de systèmes d'observation de la Terre offrant diverses images à différentes résolutions spatiales [37]**

| Caractéristiques des images satellites | | | | | | |
|---|---|---|---|---|---|---|
| | | | Modalité MS | | Modalité pan | |
| SATELLITE | bande | couleur | Bande spectrale | Résolution au sol (m) | Bande spectrale | Résolution au sol (m) |
| SPOT 4 | B1 | Vert | 0.50-0.69 | 20 | B2 : 0.61-0.68 | 10 |
| | B2 | Jaune | 0.61-0.68 | 10 | | |
| | B3 | PIR | 0.78-0.89 | 20 | | |
| | B4 | MIR | 1.58-1.75 | 20 | | |
| SPOT 5 | B1 | Vert | 0.50-0.59 | 10 | 0.48-0.71 | 2.5 ou 5 |
| | B2 | Jaune | 0.61-0.68 | 10 | | |
| | B3 | PIR | 0.78-0.89 | 10 | | |
| | B4 | MIR | 1.58-1.75 | 10 | | |
| IKONOS | B1 | Bleu | 0.45-0.53 | 4 | 0.45-0.90 | 1 |
| | B2 | Vert | 0.52-0.61 | 4 | | |
| | B3 | Rouge | 0.64-0.72 | 4 | | |
| | B4 | PIR | 0.77-0.88 | 4 | | |
| QUICKBIRD | B1 | Bleu | 0.45-0.52 | 2.8 | 0.45-0.90 | 0.7 |
| | B2 | Vert | 0.52-0.60 | 2.8 | | |
| | B3 | Rouge | 0.63-0.69 | 2.8 | | |
| | B4 | PIR | 0.76-0.90 | 2.8 | | |

### III.3.1 Images choisies pour l'étude

Nous avons travaillé sur un jeu d'images composées de 4 images multi-dates et multi-résolutions chaque image est segmentée en 6 classes.

Le tableau (4) nous donne une description détaillée des caractéristiques des images que nous avons utilisées.

La zone d'étude choisie est située au nord de la ville de Tunis, elle est bordée par Sebkhet Ariana à l'Est et par le lac de Tunis et l'aéroport de Tunis-Carthage au Sud-Est, en s'étalant au Nord-Ouest jusqu'au voisinage de la Soukra.

L'aéroport de Tunis-Carthage

Le lac

Figure 15: l'image de la zone d'étude

73

Cette zone est caractérisée par l'hétérogénéité de son milieu, surtout par la présence de la Sebkha, d'une zone urbaine plus ou moins dense, de zone verte et de routes.

**Tableau 4. Description des données**

| Description | SPOT1 | SPOT2 | SPOT4 | SPOT5 |
|---|---|---|---|---|
| Bandes spectrales | B1 : 0,50-0,59 µm B2 : 0,61-0,68 µm B3 : 0,78-0,89 µm | B1 : 0,50-0,59 µm B2 : 0,61-0,68 µm B3 : 0,78-0,89 µm | B1 : 0,51-0,59 µm B2 : 0,61-0,68 µm B3 : 0,79-0,89 µm B4 : 1,58-1,75 µm | 0,49 à 0,69 µm |
| Date | 1987 | 1998 | JUIN 2000 | 28 avril 2003 |
| Résolution | 10 m | 20m | 20 m | 5 m |
| Taille en pixel | 128X128 | 128X128 | 128X128 | 637X637 |

Nous avons classifié ces images selon l'algorithme espérance-maximisation (EM). Le tableau(5) propose une nomenclature des thèmes présents dans la zone étudiée.

**Tableau 5. Nomenclature de l'occupation du sol relative à la classification proposée**

| Classe1 | Classe2 | Classe3 | Classe4 | Classe5 | Classe6 |
|---|---|---|---|---|---|
| Zone humide | Sol nu | végétation | Zone verte | Route | Zone urbaine |

**III.3. 2 Classification des images par la méthode d'Expectation Maximisation**

L'algorithme espérance-maximisation (EM), le maximum de vraisemblance des paramètres de modèles probabilistes lorsque le modèle dépend de variables non observables. Et la classification de données se fait en passant par :

- une étape d'estimation
- une étape de maximisation (M), où l'on estime le maximum de vraisemblance des paramètres en maximisant la vraisemblance trouvée à l'étape E.
- les paramètres trouvés en M pour une nouvelle phase d'évaluation de l'espérance,

### III.3.2.1 Principe de fonctionnement de l'algorithme

En considérant un échantillon $X = (x_1, \ldots x_n)$ d'individus suivant une loi $f = (x_i, \theta)$ paramétrée par $\theta$, on cherche à déterminer le paramètre $\theta$ maximisant la log-vraisemblance donnée par :

$$l(x;\theta) = \sum_{i=1}^{n} \log f(x_i, \theta) \qquad \text{III- 2}$$

Cet algorithme est particulièrement utile lorsque la maximisation de $L$ est très complexe mais, que sous réserve de connaître certaines données bien choisies, on peut déterminer $\theta$.

Dans ce cas, on s'appuie sur des données complétées par un vecteur $z = (z_1, \ldots, z_n)$ inconnu. En notant $f(z_i / x_i; \theta)$ la probabilité de $z_i$ sachant $x_i$ et le paramètre $\theta$, on peut définir la log-vraisemblance complétée comme la quantité

$$l((x, z; \theta) = \sum_{i=1}^{n} (\log f(z_i / x_i, \theta) + \log f(x_i, \theta)) \qquad \text{III- 3}$$

d'où
$$l((x;\theta) = l((x, z;\theta) - \sum_{i=1}^{n} (\log f(z_i / x_i, \theta) \qquad \text{II- 4}$$

L'algorithme EM est une procédure itérative basée sur l'espérance des données complétées conditionnellement au paramètre courant. En notant $\theta^{(c)}$ ce paramètre, on peut écrire :

$$E\left[l(x;\theta)/\theta^{(c)}\right] = E\left[l(x;z);\theta))/\theta^{(c)}\right] - E\left[\sum_{i=1}^{n}(\log f(z_i/x_i,\theta))/\theta^{(c)}\right] \qquad \text{III-5}$$

ou encore
$$l(x;\theta) = Q(\theta;\theta^{(c)}) - H(\theta;\theta^{(c)})$$

avec
$$Q(\theta;\theta^{(c)}) = E\left[l(x;z);\theta))/\theta^{(c)}\right]$$

et
$$H(\theta;\theta^{(c)}) = E\left[\sum_{i=1}^{n}(\log f(z_i/x_i,\theta))/\theta^{(c)}\right]$$

On montre que la suite définie par $\theta^{(c+1)} = \arg\max_{\theta}(Q(\theta;\theta^{(c)}))$ fait tendre $l(x;\theta^{(c+1)})$ vers un maximum local.

### III.2.3.2 Application de l'algorithme pour une classification automatique

Dans le problème de la classification automatique, on considère qu'un échantillon $(x_1,...,x_n)$ de $\Re^p$, caractérisé par $p$ variables continues, est en réalité issu de $g$ différents groupes. En considérant que chacun de ces groupes $G_k$ suit une loi $f$ de paramètre $\theta_k$, et dont les proportions sont données par un vecteur $(\pi_1,...,\pi_g)$. En notant $\Phi = (\pi_1,...,\pi_g,\theta_1,....\theta_g)$ le vecteur des paramètres du mélange, la fonction de densité que suit l'échantillon est donnée par $g(x,\Phi) = \sum_{k=1}^{g}\pi_k f(x,\theta_k)$ et donc, la log-vraisemblance du paramètre $\Phi$ est donnée par :

$$l(x,\Phi) = \sum_{i=1}^{n} \log \sum_{k=1}^{g}(\pi_k f(x,\theta_k)) \qquad \text{III-6}$$

Cependant la maximisation de cette fonction selon $\Phi$ est très complexe [38].

Parallèlement, la connaissance des groupes auxquels appartient chacun des individus, rend le problème celui d'un problème d'estimation simple.

La force de l'algorithme EM est justement de s'appuyer sur ces données pour réaliser l'estimation.

En notant $z_{ik}$ la grandeur qui vaut $1$ si l'individu $x_i$ appartient au groupe $G_k$ et $0$ sinon, la *log-vraisemblance* des données complétées s'écrit

$$l(x, z, \Phi) = \sum_{i=1}^{n} \sum_{k=1}^{g} z_{ik} \log(\pi_k f(x_i, \theta_k))$$   III- 7

On obtient alors

$$Q(\Phi, \Phi^{(c)}) = \sum_{i=1}^{n} \sum_{k=1}^{g} E(z_{ik} / x, \Phi^{(c)}) \log(\pi_k f(x_i, \theta_k))$$   III- 8

En notant $t_{ik}$ la quantité donnée par $t_{ik} = E(z_{ik} / x, \Phi^{(c)})$, on peut séparer l'algorithme EM en deux étapes, qu'on appelle dans le cas des modèles de mélanges, l'étape Estimation et l'étape Maximisation. Ces deux étapes sont itérées jusqu'à la convergence.

**Etape E:** calcul de $t_{ik}$ par la règle d'inversion de Bayes:

$$t_{ik} = \frac{\pi_k f(x_i, \theta_k)}{\sum_{l=1}^{g} \pi_l f(x_i, \theta_l)}$$   III- 9

**Etape M**: Détermination de $\Phi$ maximisant :

$$Q(\Phi, \Phi^{(c)}) = \sum_{i=1}^{n} \sum_{k=1}^{g} t_{ik} \log(\pi_k f(x_i, \theta_k)) \qquad \text{III- 10}$$

On peut séparer le problème en g problèmes élémentaires qui sont, en général relativement simple. Dans tous les cas, les proportions optimales sont données par :

$$\pi_k = \frac{1}{n} \sum_{i=1}^{n} t_{ik} \qquad \text{III- 11}$$

L'estimation des $\theta$ dépend par ailleurs de la fonction de probabilité $f$ choisie. Dans le cas normal, il s'agit des moyennes $\mu_k$ et des matrices de variance-covariance $\Sigma_k$.

Les estimateurs optimaux sont alors donnée par :

$$\mu_{ik} = \frac{\sum_{i=1}^{n} t_{ik} x_i}{\sum_{i=1}^{n} t_{ik}} \qquad \text{III- 12}$$

et
$$\sum_{k} = \frac{\sum_{i=1}^{n} t_{ik} (x_i - \mu_k)'(x_i - \mu_k)}{\sum_{i=1}^{n} t_{ik}} \qquad \text{III- 13}$$

### III.3.3 détection de défectuosités en se basant sur le principe des cartes de contrôle

La carte de contrôle est l'un des outils de base utilisés pour la maîtrise statistique des procédés. C'est une représentation graphique constituée d'une suite d'image de la production. Elle permet de visualiser la variabilité du procédé en distinguant les causes aléatoires des causes assignables.

Le graphique de la figure(16) représente des images successives, prises à une certaine « fréquence de prélèvement », à partir d'échantillons prélevés. On reporte sur le ou les graphiques de la carte les différents calculs effectués sur les échantillons (moyenne, écart-type, étendue, nombre, pourcentage, ...).

On considère que s'il existe des valeurs en dehors des limites de contrôle, la qualité moyenne, évaluée par la proportion de non-conformes, n'est pas homogène tout au long de la production, il est donc nécessaire de régler le procédé.

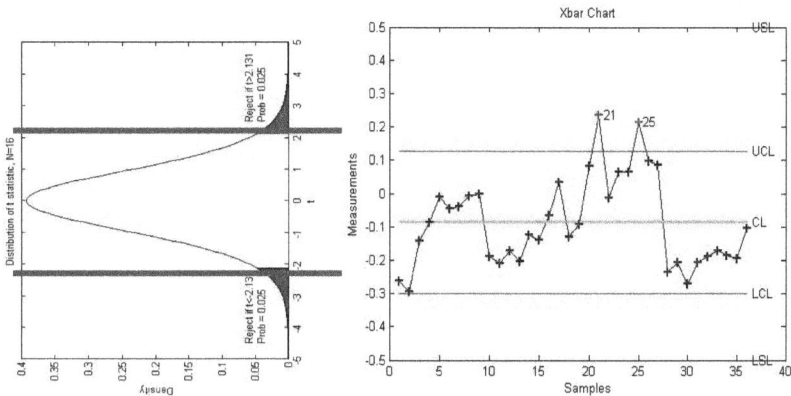

Figure 16 : Exemple du principe de la carte de contrôle

UCL : Limites de contrôle et USL : Limites de surveillance

Les limites sont déterminés telles que si X = La caractéristique suivie :

X ~> N($\mu,\sigma$) et T = statistique contrôlée alors,

-   **Limites de contrôle:**       $LC = \mu T \pm 3\,\sigma$

-   **Limites de surveillance:**    $LS = \mu T \pm 2\,\sigma$

Il existe deux types de cartes de contrôle, une carte de contrôle aux mesures qui comprend deux graphiques : un pour suivre la tendance centrale, l'autre pour suivre la dispersion du procédé. Et les cartes de contrôle aux attributs, un seul graphique permet de suivre la non-qualité de la production. C'est le suivi de l'évolution de ces indicateurs qui permet de déterminer le fonctionnement du procédé.

### III.3.4 Principe de la méthode d'analyse multi-échelle basée sur le principe des cartes de contrôle

La méthode que nous avons adoptée pour l'analyse multi-échelle est basée sur le principe des cartes de contrôle. Ce principe consiste à calculer d'abord les limites inférieures et supérieures. Et de déterminer les points situés au-delà de ces limites. Les limites sont déterminées telles que si $\overline{\mu}_{c_i}$ est la moyenne des moyennes d'une classe $C_i$ et $\overline{\sigma}_{c_i}$ est l'écart type moyen :

$$\text{Limites supérieures de surveillance:} \quad LS = \overline{\mu}_{C_i} + 2\overline{\sigma}_{c_i}$$

$$\text{Limites Inférieures de surveillance:} \quad LI = \overline{\mu}_{C_i} - 2\overline{\sigma}_{c_i}$$

Où $\overline{\mu}_{C_i} = \dfrac{\sum \mu_{C_i}}{N}$,

$\mu_{C_i}$ : la moyenne de la classe $c_i$ et $N$ : le nombre d'images.

Et $\overline{\sigma}_{c_i} = \dfrac{\sum \sigma_{c_i}}{N}$ , $\sigma_{C_i}$ : l'écart type de la classe $c_i$

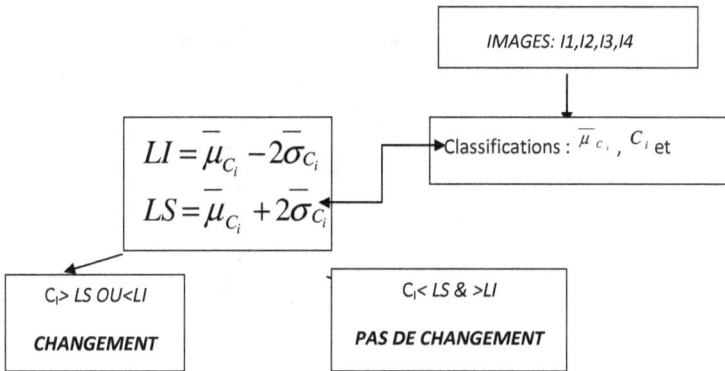

IMAGES: I1,I2,I3,I4

$$LI = \overline{\mu}_{C_i} - 2\overline{\sigma}_{C_i}$$
$$LS = \overline{\mu}_{C_i} + 2\overline{\sigma}_{C_i}$$

Classifications : $\overline{\mu}_{c_i}$, $C_i$ et

$C_i > LS$ OU$<LI$

CHANGEMENT

$C_i < LS$ & $>LI$

PAS DE CHANGEMENT

Figure 17: Organigramme de l'analyse de détection de changement par la

méthode des limites

## III.4 Résultats de l'analyse multi-échelle

### III.4.1 Résultats de l'analyse spatiale pour la détection de changement dû à la résolution spatiale

Le but de la classification (EM) est de nous permettre de détecter les changements qui sont dus au changement de la résolution spatiale de l'image. En effet, en partant d'une image SPOT5 panchromatique *HR* (figure(19)) à laquelle nous avons fait subir un moyennage afin d'obtenir une image *BR* moyennée (figure(20)) d'une part, qu'on classifie ensuite selon la méthode d'EM pour obtenir une image *BR* simulée (figure(21)), et d'autre part nous avons classifié l'image de départ selon la méthode d'EM afin d'obtenir une image *HR* classifiée à laquelle nous avons fait subir un moyennage ( figure(23))

.

Figure 18 : SPOT 4 BR 256X256

Figure 19: SPOT5 HR   1024X1024

Figure 20: SPOT 5 BR moyenné 256X256

Figure 21: Classification de l'image

SPOT5 HR

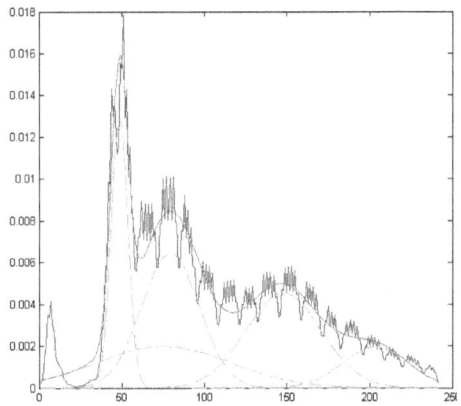

Figure 22 : moyenne, variance et proportions des classes

Figure 23: Classification de l'image
SPOT5 BR

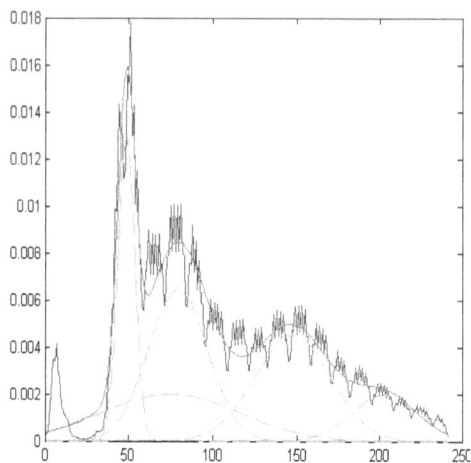

Figure 24: moyennes, variances et
proportions des classes

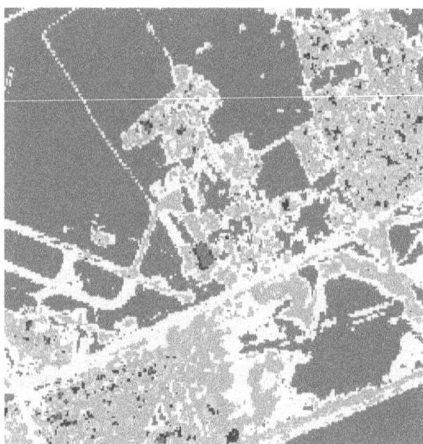

Figure 25 : Classification de l'image
SPOT4 BR

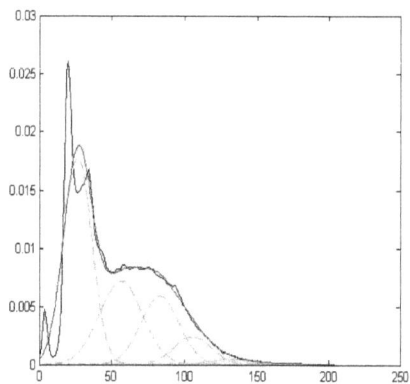

Figure 26 : moyennes, variances et proportions
des classes

Finalement on compare les deux images pour détecter les changements dus au changement de la résolution.

**Tableau 6 . Moyenne, variance et proportion d'occupation de l'image SPOT5 HR**

| SPOT5 HR | Classe1 | Classe2 | Classe3 | Classe4 | Classe5 | Classe6 |
|----------|---------|---------|---------|---------|---------|---------|
| moyenne | 59.1855 | 62.8102 | 93.0420 | 144.5675 | 180.7405 | 223.4869 |
| Variance | 100.38 | 273 | 266.5 | 387.6 | 301.1 | 277.9 |
| proportion | 8.55% | 17.45% | 32.48 % | 20.19 % | 13.73% | 7.60% |

**Tableau 7 . Moyenne, variance et proportion d'occupation de l'image SPOT5BR simulée**

| SPOT5 BR | Classe1 | Classe2 | Classe3 | Classe4 | Classe5 | *Classe6* |
|----------|---------|---------|---------|---------|---------|---------|
| moyenne | 59.1855 | 62.8102 | 93.0420 | 144.5675 | 180.7405 | *223.4869* |
| Variance | 100.38 | 273 | 266.5 | 387.6 | 301.1 | *277.9* |
| *proportion* | *8.55%* | *17.45%* | *32.48 %* | *20.19 %* | *13.73%* | *7.60%* |

Les résultats trouvés (Tableau.6 et Tableau.7) montrent que nous avons les mêmes moyennes, variances et proportions d'occupations des classes. En conclusion nous pouvons dire que pour une résolution de 5 à 20m on ne détecte pas de « faux changement » dû à la résolution.

**Tableau 8. Moyenne, variance et proportion d'occupation de l'image SPOT4**

**BR**

| SPOT4 BR | Classe1 | Classe2 | Classe3 | Classe4 | Classe5 | Classe6 |
|----------|---------|---------|---------|---------|---------|---------|
| moyenne | 78.4567 | 108.2663 | 135.2145 | 157.3276 | 182.9277 | 217.6635 |
| Variance | 94.9504 | 219.3700 | 175.9047 | 158.3295 | 192.3361 | 370.1120 |
| proportion | 43.65% | 26.94% | 19.49% | 7.63% | 1.72% | 0.58% |

### III.4.2 Résultats de l'analyse spatiale d'images multisources

Nous avons procédé à l'analyse spatiale d'images ayant différentes résolutions spatiales, spectrales et temporelles. En posant: I1= SPOT3 (1987), I2=SPOT3 (1998), I3= SPOT4 (2000) et I4=SPOT5 (2003). Chaque image a été segmentée en 6 classes.

Les résultats de l'analyse multi-échelle sont illustrés par les Figures (27) à (30). Ces figures montrent les images que nous avons classifiées selon la méthode d'EM. Les tableaux 9 à 12 nous donnent la moyenne et l'écart type de chaque classe. Les Figures (34) à (36) représentent la détection des changements présents dans les images I1, I2, I3 et I4 pour chacune des classes : {classe1, classe2, classe3, classe4, classe5, classe6} selon la méthode des limites inférieures et supérieures. En effet, nous avons considéré que les points qui se trouvent en dehors des limites sont des changements.

86

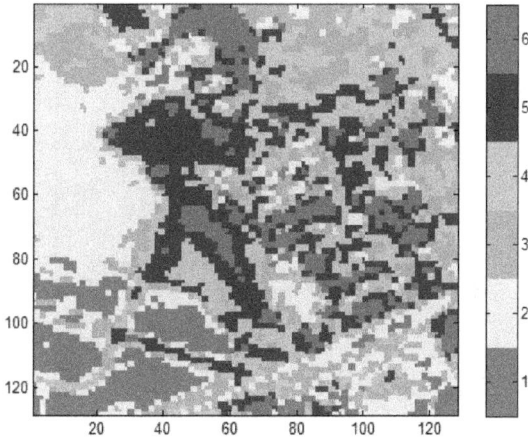

Figure 27 : Image SPOT1 classifiée (1987)

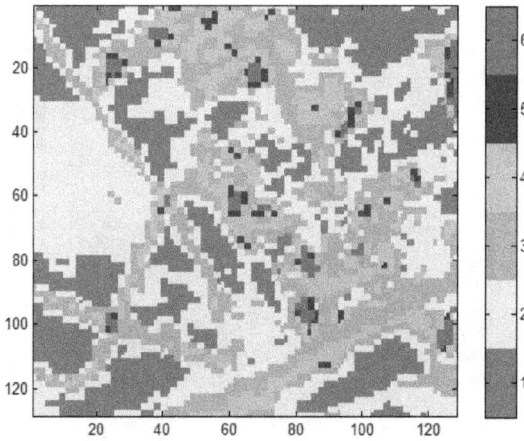

Figure 28 : Image SPOT2 classifiée (1998)

87

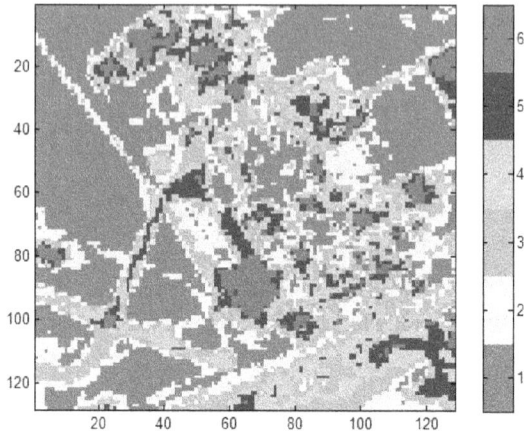

Figure 29 : Image SPOT4 classifiée (2000)

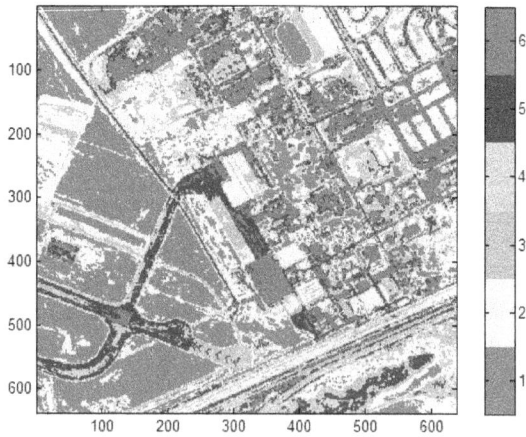

Figure 30 : Image SPOT5 classifiée (2003)

88

**Tableau 9. Moyenne et écart type de l'image SPOT1(1987)**

| I1 SPOT1 1987 | CLASSE1 | CLASSE2 | CLASSE3 | CLASSE4 | CLASSE5 | CLASSE6 |
|---|---|---|---|---|---|---|
| MOYENNE | 28.730 | 75.417 | 112.495 | 144.218 | 177.234 | 212.602 |
| ECART TYPE | 17.294 | 12.516 | 17.095 | 17.335 | 15.219 | 18.803 |

**Tableau 10. Moyenne et écart type de l'image SPOT2(1998)**

| I2 SPOT2 1998 | CLASSE1 | CLASSE2 | CLASSE3 | CLASSE4 | CLASSE5 | CLASSE6 |
|---|---|---|---|---|---|---|
| MOYENNE | 102.603 | 122.0796 | 150.0984 | 172.8162 | 183.9917 | 211.3015 |
| ECART TYPE | 5.045 | 9.878 | 10.223 | 9.903 | 13.006 | 11.671 |

**Tableau 11. Moyenne et écart type de l'image SPOT4(2000)**

| I3 SPOT4 2000 | CLASSE1 | CLASSE2 | CLASSE3 | CLASSE4 | CLASSE5 | CLASSE6 |
|---|---|---|---|---|---|---|
| MOYENNE | 26.4663 | 68.0844 | 107.7023 | 142.5723 | 178.3395 | 220.274 |
| ECART TYPE | 14.062 | 17.689 | 16.400 | 15.649 | 15.917 | 20.007 |

**Tableau 12. Moyenne et écart type de l'image SPOT5(2003)**

| I4 SPOT5 2003 | CLASSE1 | CLASSE2 | CLASSE3 | CLASSE4 | CLASSE5 | CLASSE6 |
|---|---|---|---|---|---|---|
| MOYENNE | 13.2732 | 51.2804 | 101.6767 | 146.924 | 182.4038 | 224.2274 |
| ECART TYPE | 7.931 | 20.547 | 19.285 | 18.507 | 16.558 | 16.632 |

L'examen de la Figure (31) relative à la classe 1, montre qu'il y a deux points correspondant à l'image I2 et I4 qui se trouvent en dehors des limites. En effet, la classe1 correspond à la zone humide, les changements relatifs à cette zone sont très variables. La Figure(32) présente un seul point en dehors des limites considérées, correspondant à l'image I2 pour la classe 2 : sol nu.

Les    Figures (33),(34),(35) et (36) correspondant aux classes 3, 4, 5 et 6 représentant respectivement la végétation , la zone verte, les routes et la zone urbaine ne présente aucun point en dehors des limites considérés .Les tableaux (13)à (18) nous donnent pour chaque image la moyenne de chaque classe, ainsi que la moyenne des moyennes $\bar{\mu}_{C_i}$, l'écart type moyen $\bar{\sigma}_{C_i}$, les limites inférieures et supérieures au-delà desquelles il ya des changements et la proportion d'occupation de la classe considérée pour chaque image.

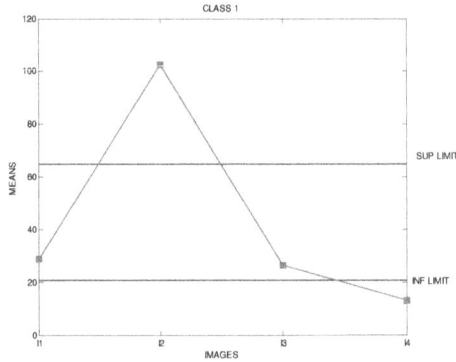

Figure 31 : Détection  de changement présent dans plusieurs images satellitales multirésolutions pour la classe1 selon la méthode des limites inférieures et supérieures.

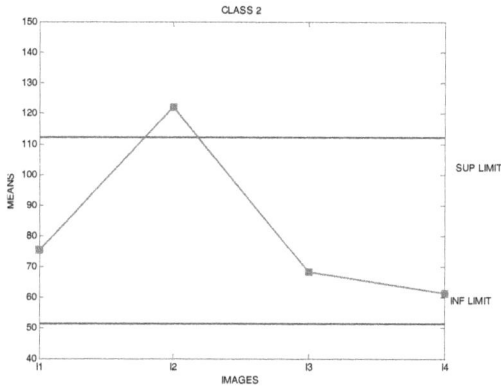

Figure 32 : Détection de changement présent dans plusieurs images satellitales multirésolutions pour la classe2 selon la méthode des limites inférieures et supérieures.

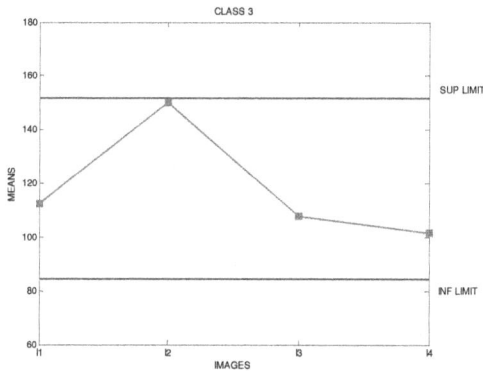

Figure 33 : Détection de changement présent dans plusieurs images satellitales multirésolutions pour la classe 3 selon la méthode des limites inférieures et supérieures.

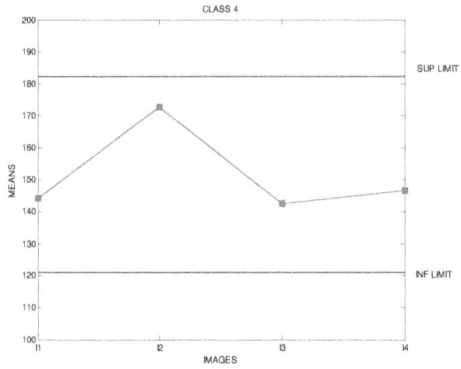

Figure 34 : Détection de changement présent dans plusieurs images satellitales multirésolutions pour la classe4 selon la méthode des limites inférieures et supérieures.

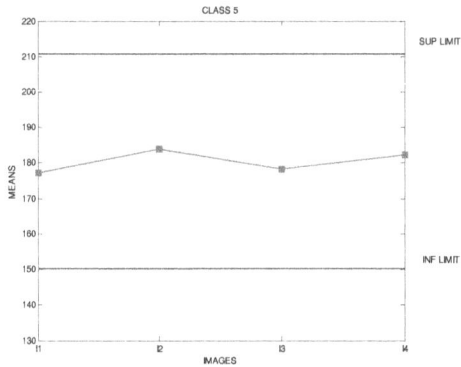

Figure 35 : Détection de changement présent dans plusieurs images satellitales multirésolutions pour la classe5 selon la méthode des limites inférieures et supérieures.

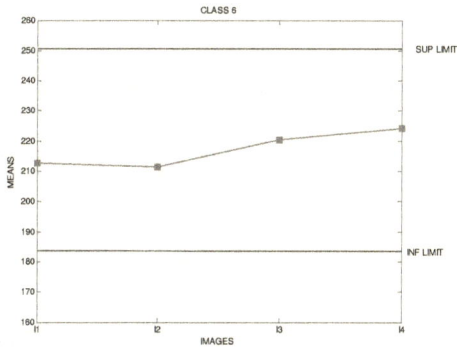

Figure 36 : Détection de changement présent dans plusieurs images satellitales multirésolutions pour la classe6 selon la méthode des limites inférieures et supérieures.

**Tableau 13. Moyenne, écart type de la classe1**

| CLASSE1 | I1 | I2 | I3 | I4 | MOYENNE DES MOYENNES |
|---|---|---|---|---|---|
| MOYENNE | 28.730 | 102.603 | 26.466 | 13.273 | 42.768 |
| ECART TYPE | 17.294 | 5.045 | 14.062 | 7.931 | 11.083 |
| LIMITE INFERIEURE | | | | | 20.602 |
| LIMITE SUPERIEURE | | | | | 64.934 |

**Tableau 14. Moyenne et écart type de la classe2**

| CLASSE2 | I1 | I2 | I3 | I4 | MOYENNE DES MOYENNES |
|---|---|---|---|---|---|
| MOYENNE | 75.417 | 122.0796 | 68.0844 | 51.2804 | 79.215 |
| ECART TYPE | 12.516 | 9.878 | 17.689 | 20.547 | 15.158 |
| LIMITE INFERIEURE | | | | | 48.900 |
| LIMITE SUPERIEURE | | | | | 109.531 |

**Tableau 15. Moyenne, écart type de la classe3**

| CLASSE3 | I1 | I2 | I3 | I4 | MOYENNE DES MOYENNES |
|---|---|---|---|---|---|
| MOYENNE | 112.495 | 150.0984 | 107.7023 | 101.6767 | 117.993 |
| ECART TYPE | 17.095 | 10.223 | 16.400 | 19.285 | 15.751 |
| LIMITE INFERIEURE | | | | | 86.491 |
| LIMITE SUPERIEURE | | | | | 149.495 |

**Tableau 16. Moyenne et écart type de la classe4**

| CLASSE4 | I1 | I2 | I3 | I4 | MOYENNE DES MOYENNES |
|---------|-----|-----|-----|-----|-----|
| MOYENNE | 144.218 | 172.8162 | 142.5723 | 146.924 | 151.633 |
| ECART TYPE | 17.335 | 9.903 | 15.649 | 18.507 | 15.349 |
| LIMITE INFERIEURE | | | | | 120.935 |
| LIMITE SUPERIEURE | | | | | 182.330 |

**Tableau 17. Moyenne et écart type de la classe5**

| CLASSE5 | I1 | I2 | I3 | I4 | MOYENNE DES MOYENNES |
|---------|-----|-----|-----|-----|-----|
| MOYENNE | 177.234 | 183.9917 | 178.3395 | 182.4038 | 180.492 |
| ECART TYPE | 15.219 | 13.006 | 15.917 | 16.558 | 15.175 |
| LIMITE INFERIEURE | | | | | 150.142 |
| LIMITE SUPERIEURE | | | | | 210.843 |

## Tableau 18. Moyenne et écart type de la classe6

| CLASSE6 | I1 | I2 | I3 | I4 | MOYENNE DES MOYENNES |
|---------|------|------|------|------|------|
| MOYENNE | 212.602 | 211.3015 | 220.274 | 224.227 | 217.101 |
| ECART TYPE | 18.803 | 11.671 | 20.007 | 16.632 | 16.778 |
| LIMITE INFERIEURE | | | | | 183.544 |
| LIMITE SUPERIEURE | | | | | 250.658 |

## Tableau 19. Proportion d'occupation des classes des images SPOT4 (2000) et SPOT5 (2003) et taux de changement

| Proportion | Zone CLASSE1 | Sol nu CLASSE2 | végétation CLASSE3 | Zone verte CLASSE4 | Route CLASSE5 | Zone CLASSE6 |
|---|---|---|---|---|---|---|
| I3=SPOT4 2000 | 38.58% | 19.26% | 16.18% | 13.49% | 8.47% | 4.03% |
| I4=SPOT5 2003 | 23.80% | 31.32% | 13.82% | 11.11% | 12.91% | 7.04% |
| taux de changement | <-14.78%> | 12.06% | <-2.36%> | <-2.38%> | 4.44% | 3.01% |

Le Tableau.19 nous donne les proportions d'occupation des classes pour deux dates : 2000 et 2003 et exprime dans quel sens les changements évoluent, en effet ces taux montrent qu'il y a une diminution de l'occupation « zone humide », de la classe « végétation » et de la classe « zone verte » et une augmentation de l'occupation « zone urbaine », « sol nu » et « routes ». Ces changements sont tout à fait compréhensibles, en effet la prolifération du milieu urbain et des routes obéit à un besoin d'extension du à l'augmentation démographique, aussi la perte en « zone verte» et en « végétation » en est la conséquence directe et se traduit également par le gain qu'enregistre le « sol nu ». Par contre, la diminution de l'occupation de la « zone humide » est incontestable cela peut être dû d'une part dans une faible proportion, aux variations saisonnières et d'autre part aux projets d'aménagements urbains et d'assainissement du Lac Nord de Tunis. Cette mobilité urbaine est décrite par la figure(37).

La méthode d'analyse multi-échelle nous a permis de repérer les images qui comportent des changements quelles que soit la résolution de l'image et le nombre des images testées. En effet, nous avons considéré que les points situés en dehors des limites calculées pour chaque classe sont des changements. Dans notre cas nous avions montré qu'il y' a deux points correspondant à l'image I2 et I4 qui sont en dehors des limites. Sachant que ces changements correspondraient à la zone humide et que les changements dans cette zone sont très variables. Nous avions également pu repérer des changements correspondant au sol nu relatif à l'image I2. En ce qui concerne les autres classes représentant respectivement la végétation, la zone verte, les routes et la zone urbaine nous n'avons pas trouvé de points en dehors des limites considérées. Désormais, ce dernier résultat ne veut pas dire qu'il n'y a pas eu de changement dans ces zones, mais qu'il faudrait reconsidérer les limites calculées.

Figure 37: La mobilité urbaine dans le cadre des grands projets d'aménagement urbain du Grand Tunis [38]

## III.5 Conclusion

Dans une première partie nous avons traité l'analyse spatiale pour la détection de changement dus à la résolution spatiale. Nous avons conclu que pour une résolution de 5 à 20m nous n'avons pas détecté de « Faux changement » dû à la résolution.

Cette analyse doit être étendue d'une part à des résolutions plus grandes et cela en faisant varier le rapport de l'ordre de grandeur des images à comparer et en faisant varier également le nombre de classes. D'autre part, cette étude pourra être développée en incorporant toutes les bandes spectrales afin d'en extraire toute l'information utile.

Dans une deuxième partie nous avons considéré l'analyse multi-échelle pour la détection de changement basés sur le principe des cartes de contrôle. Cette méthode nous a permis de repérer les images qui comportent des changements et cela quelle que soit la résolution de l'image et le nombre des images testées.

Les avantages que présente cette méthode résident dans le fait qu'elle peut se faire avec un grand nombre d'images ayant différentes résolutions.

Cependant, cette méthode offre l'inconvénient de ne pas être quantifiable En outre, l'application en question se fait classe par classe, donc nécessite préalablement une classification des images, afin de nous permettre de calculer les moyennes, les écarts types et les proportions d'occupation des classes.

Nous pouvons perfectionner ce travail, si nous pouvons exploiter le taux d'occupation de changement des classes en essayant de les intégrer dans le processus de détection de changement multi-échelle.

**Chapitre IV. Détection de changement basée sur l'approche a contrario**

**Chapitre IV. Détection de changement basée sur l'approche a contrario**

## IV.1 Introduction

Le principal objectif de la détection a contrario est de répondre à la question quantitative de déterminer le seuil au-delà duquel une structure géométrique est noyée dans le bruit et donc n'est plus visible par notre perception [8].

Dans une première partie nous allons aborder le sujet de la détection de changement en se basant sur l'approche a contrario, en présentant deux algorithmes et enfin dans une deuxième partie nous exposerons et discuterons les résultats trouvés.

Le raisonnement que nous avons proposé pour la détection de changement sur des images satellitales basses et hautes résolutions basées sur l'approche a contrario, a répondu à la question de savoir à partir de quels seuils la différence calculée entre deux pixels est significative ?

La détection de changement basée sur l'approche a contrario a été modélisée selon deux approches. Toutefois, la détection a contrario consiste à déterminer le seuil à partir duquel on considère que ce n'est pas le modèle a priori qui est observé, mais bien un événement et qu'un événement est détecté comme un écart par rapport au modèle a priori. La première approche traite des images en niveaux de gris et les seuils sont choisis d'une manière arbitraire. La deuxième approche manipule des images labellisées (classifiées) et les seuils sont fixés en considérant le principe des cartes de contrôle utilisés pour la maîtrise statistique des procédés (MSP).

## IV.2 Modèle a contrario

### IV.2.1 Les données

Les données que nous avons utilisées pour la détection a contrario de changement se sont limitées à une image SPOT1 (256X256) multi-spectrale qui date de 1987, présentant une résolution de 20m et d'une image SPOT5 (1024X1024) panchromatique qui date de 2003 ayant une résolution de 5m. Le modèle d'observations en l'absence de changement est appelé modèle a contrario. Dans ce modèle, les changements significatifs sont définis comme étant des événements de faible probabilité d'occurrence : un événement est dit ε-significatif si l'espérance du nombre d'occurrences de cet événement est inférieure à ε dans le modèle a contrario [3].

## IV.2.2 Première approche

Cette première approche pose le problème comme celui d'un problème d'ordonnancement et de tirage de boules selon une loi binomiale. Lorsqu'on examine les pixels 2 à 2, chaque tirage donne lieu à une différence, soit que cette différence est significative soit elle ne l'est pas. Si on considère une configuration d'objets C , p(C) est sa probabilité d'apparition dans un environnement aléatoire uniforme. Soit N le nombre d'évènements susceptibles de donner lieu à la configuration C. La modélisation a contrario se fait en définissant un Nombre de Fausses Alarmes (NFA) et en calculant un domaine ε-significatif.

Le Nombre de Fausses Alarmes (NFA) de C est :

$$NFA(C) = p(C) \times N \qquad\qquad IV\text{-}1$$

Le Nombre de Fausses Alarmes (NFA) représente le nombre de fois auquel on peut s'attendre à rencontrer une certaine configuration d'objets dans un environnement aléatoire.

L'approche a contrario consiste à rejeter l'hypothèse $H_0$ pour la différence (diff) entre deux pixels issus des deux images BR, l'une provenant de l'image HR moyennée et l'autre étant l'image BR réelle.

La méthodologie a contrario est en fait reliée au cadre classique des tests d'hypothèses. Nous avons fait subir à l'image SPOT5 panchromatique haute résolution spatiale (HR), un moyennage par regroupement des pixels par l'affectation de la valeur moyenne fournie par l'ensemble des pixels regroupés (équation (III-1)). Sachant que ces images avait été prise à deux dates différentes t1 et t2 (figure(38)). Par la suite nous avons procédé à l'ordonnancement de cette différence pour voir à quel moment elle est significative.

$$\left| BR_R(i_1) - HR_S(i_1) \right| > ... > \varepsilon > ... > \left| BR_R(i_n) - HR_S(i_n) \right| \quad \text{IV- 2}$$

$BR_R$ : image basse résolution réelle

$HR_S$ : image haute résolution simulée (initialement BR)

i : correspond à l'indice du pixel considéré

$\varepsilon$=est un ensemble de seuils significatifs

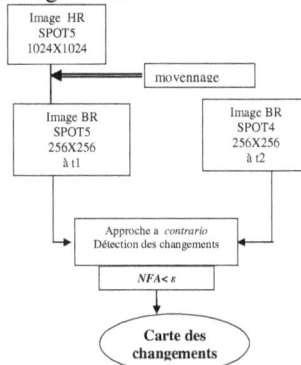

Figure 38 : Processus général de la génération de la carte de changement selon la première approche

Le NFA de cette différence est sa probabilité d'apparition dans un environnement aléatoire uniforme tel qu'on a une chance sur deux pour qu'elle se réalise :

$$NFA\ (diff\ ) = P^{k}\,N \qquad \text{IV- 3}$$

avec p : « la probabilité d'avoir un niveau de gris $n_g$ » et N : le nombre d'éléments associée à la différence. Par la suite nous avons déterminé un NFA inférieur à un seuil ε-significatif tel que :

$$NFA\ (\left| BR_R(i_1) - HR_S(i_1) \right|) > ... > \varepsilon > ... > NFA\ (\left| BR_R(i_n) - HR_S(i_n) \right|) \qquad \text{IV- 4}$$

Nous avons testé cette démarche pour différents seuils :

$$\varepsilon = \left\{ 1, 10^{-1}, 10^{-2}, 10^{-3}, ............., 10^{-85} \right\}$$

La valeur de ε a été déterminée d'une manière expérimentale, en effet nous avons constaté qu'au-delà des valeurs limites inférieures et supérieures fixées les changements constatés n'ont plus aucun sens. Enfin, en fonction des résultats obtenus, nous avons établi la carte des changements relatifs aux images SPOT5 HR et SPOT4 BR.

### IV.2.3 Deuxième approche

Nous avons repris la même démarche, mais en considérant des images labellisées ou classifiées et nous avons opté pour un seuil ε- significatif. Le choix de ce seuil s'est fait selon le principe des cartes de contrôle préconisé dans la MSP. Cette démarche est décrite par la figure (39).

Si l'on considère qu'un pixel x appartienne à un label L BR.

$$\sum_{l \in L} \alpha_l(x) = 1 \qquad \text{IV- 5}$$

et une estimation de l'image HR est donnée par :

$$HR_S = \sum_{l \in L} \alpha_l(x)\,\mu_l \qquad \text{IV- 6}$$

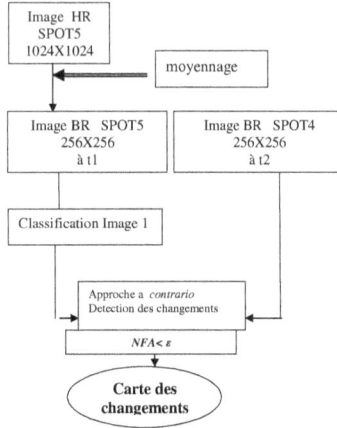

Figure 39 : Processus général de la génération de la carte de changement selon la deuxième approche

En notant que $\mu_l$ est la moyenne caractéristique de chaque classe $c_i$. La différence entre l'image estimée HRs($\mu_1$) par (IV-6) et observée $BR_R$ ($i_n$) peut être mesurée par :

$$diff = |BR_R - HR_S| = \left\| BR_R(\mu_1) - HR_S(i_1) \right\| \cdots\cdots\cdots \left| BR_R(\mu_k) - HR_S(i_n) \right\|$$   IV- 7

Le NFA associé :    $NFA_{(\sigma,\mu)}(diff) = \left[ |BR_R - HR_S| \leq 2\sigma \right]$    IV- 8

$$NFA(\sigma_l, \mu_l) = \left[ diff \left\| BR_R(\mu_1) - HR_S(i_1) \right| \cdots\cdots\cdots \left| BR_R(\mu_k) - HR_S(i_n) \right\| \right] \leq \pm 2\sigma_l \right]$$ IV- 9

Parvenir à avoir une différence particulièrement faible dans une image BR, nous a permis d'estimer le nombre de « faux changements» par rapport à un seuil fixé égal à ± 2σ (avec σ: écart type de chaque classe)

## IV.3 Formulation des algorithmes

### IV.3. 1 L'algorithme 1

Pour la mise en place de l'algorithme, de la détection a contrario selon la première approche, nous avons considéré qu'en entrée nous avons une matrice D qui résulte en fait de la distribution binomiale de la variable aléatoire (diff) .

Dans l'étape 1 nous avons procédé au calcul des p-valeurs extraite de la matrice D. Ensuite dans l'étape 2, d'abord nous avons initialisé $\varepsilon$ à 1, ensuite nous avons construit la première boucle principale tant que $\varepsilon<10^{-85}$, à l'intérieur de laquelle on intègre la deuxième boucle tant que ( le taux de faux changement) TFC<$\varepsilon$, sans oublier d'initialiser k à 0 et en créant une matrice T de stockage qui comprend les valeurs de D < $\varepsilon$ et en avançant chaque fois de k+1 et fin tant que . Avec un pas de 1/10 pour $\varepsilon$ jusqu' à 1 et fin de tant que de la première boucle. Finalement, l'étape 3 nous a permis d'afficher la carte de changement sous la forme d'un masque binaire. Ainsi que les courbes relatives aux TBC (taux de bonne identification de changement) et aux TFC sont affichées.

Algorithme de la détection a contrario selon la première approche

**Entrée** : Une matrice D formée par les p-valeurs extraites de la différence entre la *(diff)* des différents éléments composant les deux images :

$$diff = \left[ \left| BR_R(i_1) - HR_S(i_1) \right| \ldots \ldots \ldots \ldots \left| BR_R(i_n) - HR_S(i_n) \right| \right]$$

**Sorties :**

      1.    La carte de changement

      2.    une courbe représentant les différents taux de bonne identification de changement (TBC) en fonction des différentes valeurs du seuil

      3.    une courbe représentant les différents taux de fausses identifications de changement (TFC) en fonction des différentes valeurs du seuil.

Début

**Etape1**

            D←P(D)

**Etape2**

            $\varepsilon \leftarrow 1$

Tant que $\varepsilon \leq 10^{-85}$

      Initialisation k←0

            Tant que TFC=(½)k(1-1/2)(n-k) *N< $\varepsilon$ faire

                k←k+1

            Création d'une matrice T composée des valeurs de la matrice p(D) qui sont inférieur à $\varepsilon$

            T ←find(p(D)< $\varepsilon$)

            Fin tant que

            Stocké la valeur du TBC correspondant au seuil $\varepsilon$ donnée

            $\varepsilon = \varepsilon /10$

      Fin tant que

**Etape3:**

1. affichage de la carte de changement détecté à partir des p-valeurs $\varepsilon$-significatifs formées par les classes :

            C=changement

$\bar{C}$ = pas de changement
2. affichage de la courbe TBC en fonction de chaque valeur de ε
3. affichage de la courbe TFC en fonction de chaque valeur de ε
Fin

## IV.3.2 L'algorithme 2

Algorithme de la détection a contrario selon la deuxième approche

**Entrée:**
1. Affecter $\mu_l$ à l'image de référence HR( M) pour estimer l'image HRs$(\mu_l)$
2. Une matrice M formée par les p-valeurs extraites de la différence entre les différents éléments composant les deux images :

$$diff = \left|BR_R - HR_S\right|. = \left[\left|BR_R(\mu_1) - HR_S(i_1)\right|.................\left|BR_R(\mu_k) - HR_S(i_n)\right|\right]$$

**Sortie: 1.** La carte de changement
Début
**Etape1**

M←P(M)

**Etape2**

E=±2σ
Initialisation k←0

Tant que (½)k(1-1/2)(n-k) *N< ε faire

k←k+1

création d'une matrice T composée des valeurs de la matrice p(M) qui sont inférieures à ε

T ←find(p(M)< ε)

Fin tant que

**Etape3**

Affichage de la carte de changement détecté à partir des p-valeurs ε -significatifs
fin

L'algorithme 2 relatif à la détection a contrario selon la deuxième approche, consiste dans une étape1 à former l'image déduite des $\mu_l$ (moyennes des labels ou classes) ainsi que l'image déduite des $\sigma_l$ (écart type des labels ou classes) et enfin dans la construction de la matrice M formé par les p-valeurs déduite de l'image (diff).

Dans l'étape 2 après avoir fixé pour chaque label $\varepsilon=\pm 2\sigma$, initialisé k à 0, construire la boucle tant que en avançant à chaque fois de k+1 et stocker dans T les valeurs inférieures à $\varepsilon$.

Enfin, l'étape3 consiste dans la génération de la carte de changement, en construisant un masque formé par :

- les changements si finalement la différence a contrario est non nulle et inférieure à $\pm 2\sigma$
- les faux changements si différence a contrario est non nulle et supérieure à $\pm 2\sigma$
- les non changements pour la différence a contrario nulle

**IV.4 Résultats de la détection de changements basée sur l'approche a contrario**

**IV.4.1 La détection de changement basée sur la différence a contrario : application de l'algorithme1**

Nous avons testé cette démarche pour différentes valeurs de seuils, allant de 1 à $10^{-85}$ et, en fonction des résultats obtenus, d'abord nous avons établi une série de carte de changement illustré par les Figures (40) à (52).

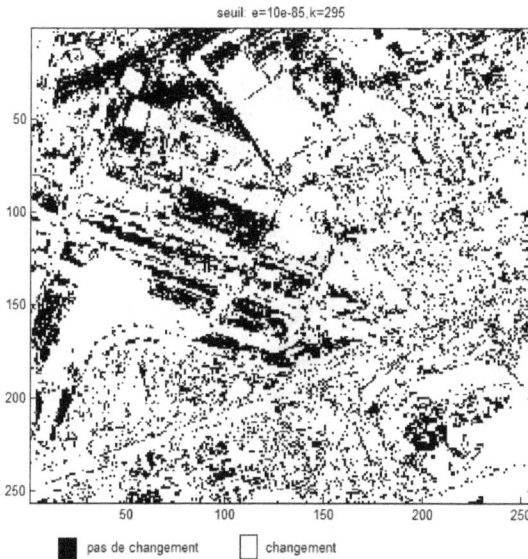

seuil: e=10e-85, k=295

pas de changement   changement

Figure 40 : détection a contrario de changement pour $\varepsilon=10^{-85}$

Ensuite nous avons tracé la courbe relative aux taux de bonne identification de changement (TBC) en fonction des seuils $\varepsilon$-significatifs représentée par la Figure(55), ainsi que la courbe représentant le taux de fausses identification de changement (TFC) en fonction du nombre d'itérations indiquées par les Figures (53) et (54).

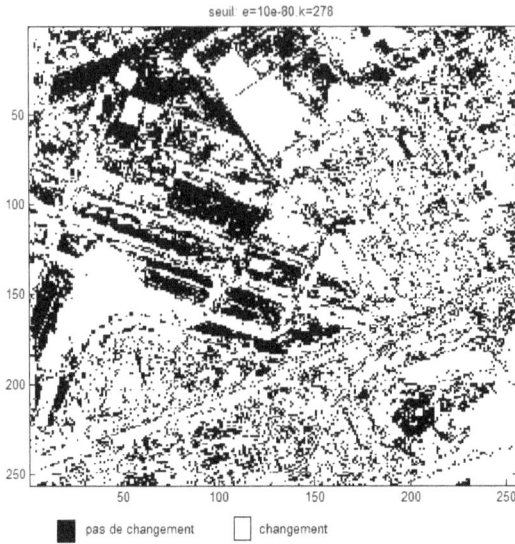

seuil: e=10e-80 k=278

pas de changement    changement

Figure 41 : détection a contrario de changement pour $\varepsilon=10^{-80}$

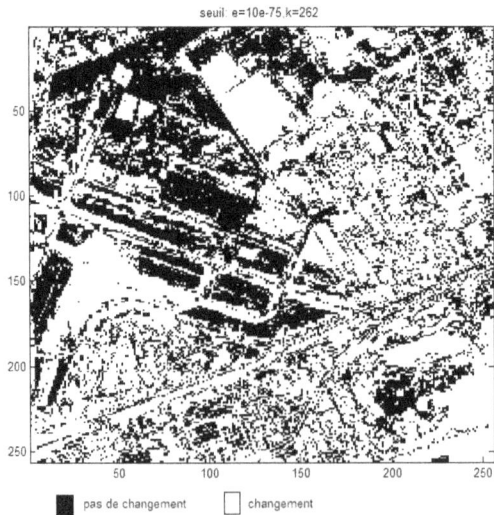

seuil: e=10e-75 k=262

pas de changement    changement

Figure 42 : détection a contrario de changement pour $\varepsilon=10^{-75}$

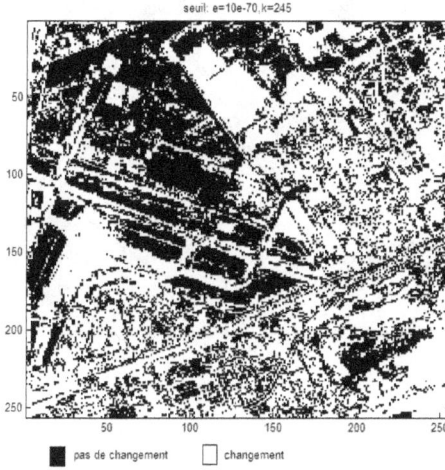

Figure 43 : détection a contrario de changement pour $\varepsilon=10^{-70}$

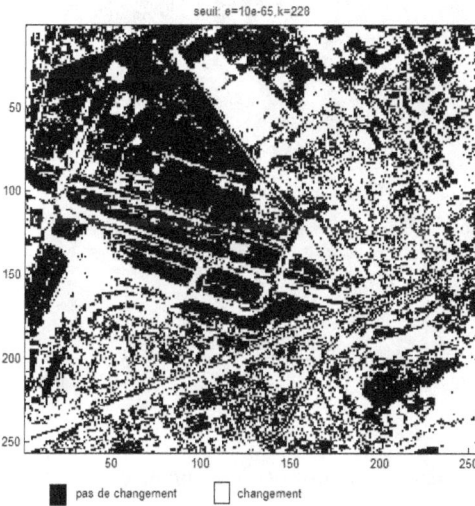

Figure 44 : détection a contrario de changement pour $\varepsilon=10^{-65}$

113

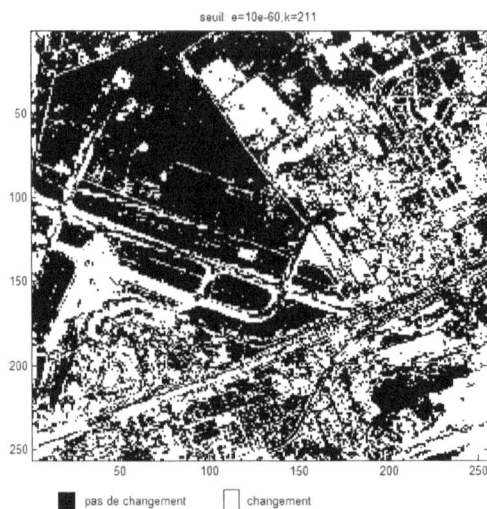

Figure 45 : détection a contrario de changement pour $\varepsilon=10^{-60}$

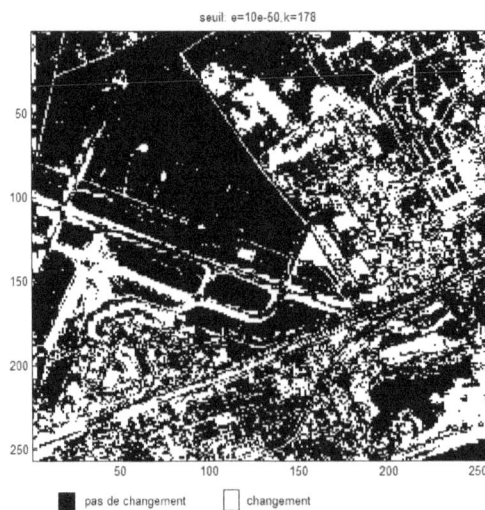

Figure 46 : détection a contrario de changement pour $\varepsilon=10^{-60}$

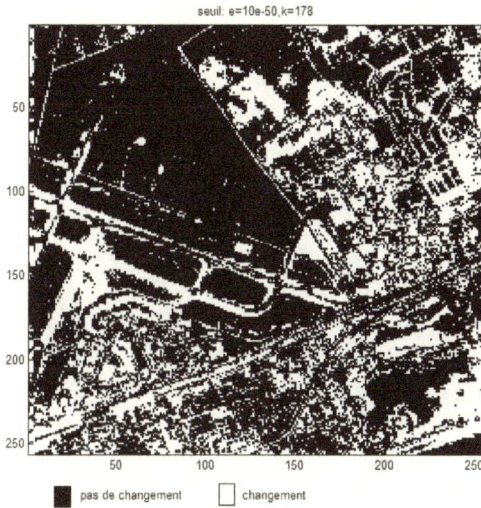

Figure 47 : détection a contrario de changement pour ε=10$^{-50}$

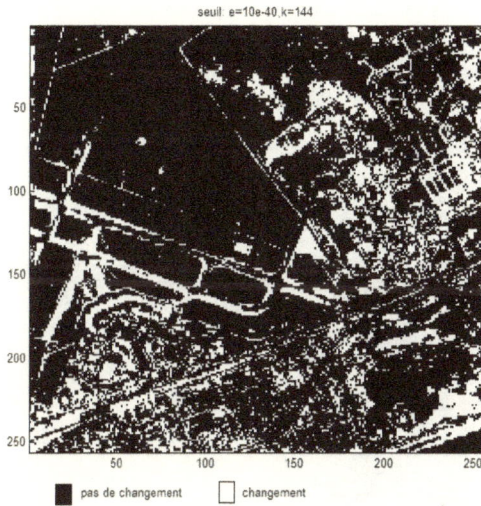

Figure 48 : détection a contrario de changement pour ε=10$^{-45}$

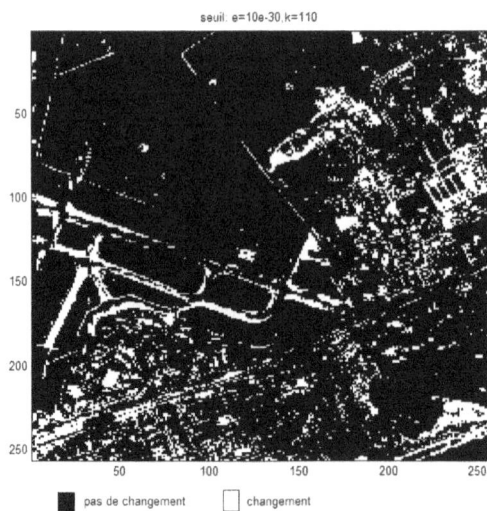

Figure 49 : détection a contrario de changement pour $\varepsilon=10^{-30}$

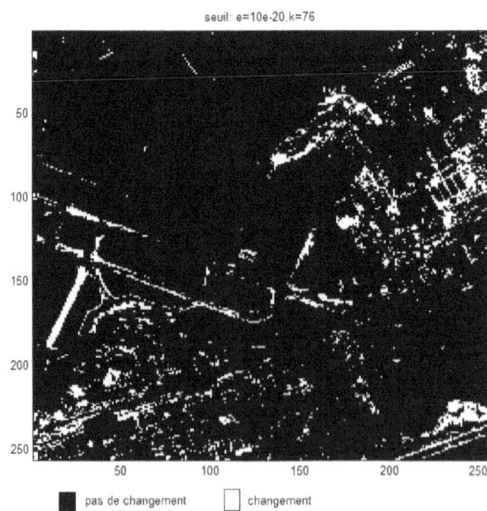

Figure 50 : détection a contrario de changement pour $\varepsilon=10^{-20}$

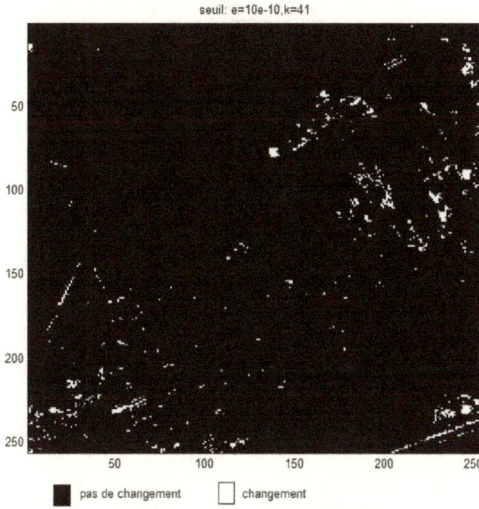

Figure 51 : détection a contrario de changement pour $\varepsilon=10^{-10}$

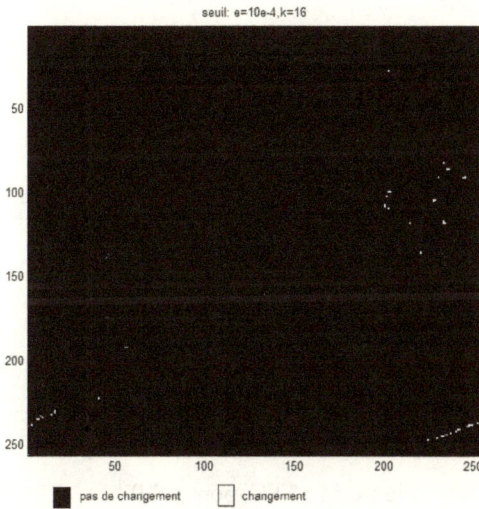

Figure 52 : détection a contrario de changement pour $\varepsilon=10^{-4}$

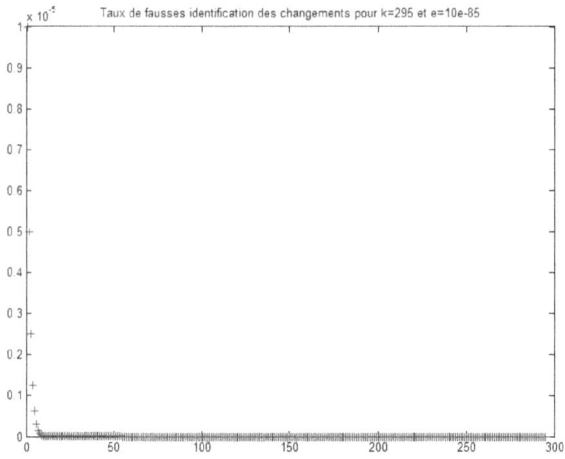

Figure 53 : TFC pour $\varepsilon=10^{-85}$

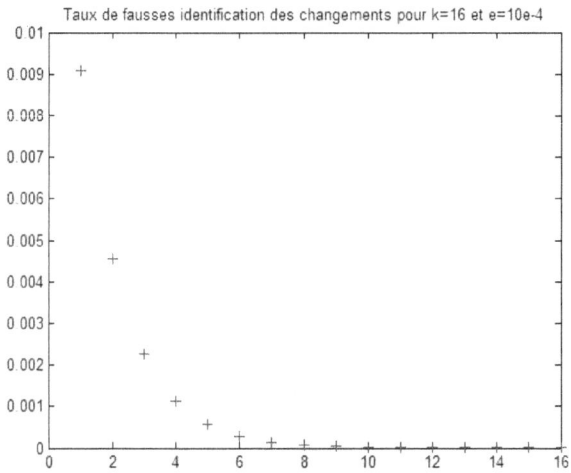

Figure 54 : TFC pour $\varepsilon=10^{-4}$

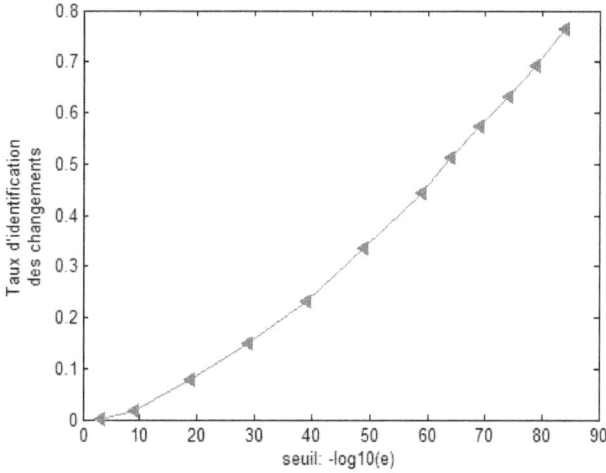

Figure 55 : TBC pour $\varepsilon=10^{-85}$

La plus petite valeur de $\varepsilon$ ($\varepsilon=10^{-85}$) a été déterminé expérimentalement. En effet pour $10^{-85}$, le TBC atteint 76,34% et pour $10^{-10}$ nous remarquons un TBC inférieur à 2%. Pour ces deux valeurs extrêmes, les changements ne semblent avoir aucun sens.

Nous constatons que plus le seuil est petit plus le taux de bonne identification de changement s'approche de 1. En ce qui concerne le TFC, il devient presque nul après un certain nombre d'itérations et en particulier à partir de k=8. Ce qui nous a permis d'affirmer qu'à partir d'un certain nombre d'itérations on ne détecte plus de faux changement. L'examen de la Figure (40) montre que pour un seuil très petit on trouve une grande proportion de changement, par contre pour un seuil qui s'approche de 1 tel qu'il est montré dans la Figure(52), on ne trouve quasiment plus de changement. La Figure (55) montre une courbe croissante avec une allure exponentielle et nous avons noté qu'à partir de $\varepsilon=10^{-70}$ les taux de changement suivent une droite (la partie supérieure de la courbe). Ce qui traduit le fait que l'évolution du taux de changement en fonction du seuil augmente exponentiellement (d'une façon constante) puis à partir d'une certaine valeur l'augmentation devient variable. L'étude de la courbe du TBC nous a permis de prendre comme valeur expressive du changement de la différence a contrario la valeur du seuil au-delà duquel l'augmentation du taux de changement n'est plus constante à savoir $\varepsilon=10^{-70}$.

**Tableau 20. TBC en fonction des seuils ε**

| K : nombre d'itérations | TBC= taux de bonnes identifications de changement | E= seuils Ɛ-significatifs |
|---|---|---|
| 295 | 76.34% | 10e-85 |
| 278 | 69.29% | 10e-80 |
| 262 | 63.08% | 10e-75 |
| 245 | 57.34% | 10e-70 |
| 228 | 51.20% | 10e-65 |
| 211 | 44.27% | 10e-60 |
| 178 | 33.44% | 10e-50 |
| 144 | 23.28% | 10e-40 |
| 110 | 14.91% | 10e-30 |
| 76 | 7.82% | 10e-20 |
| 41 | 1.75% | 10e-10 |
| 16 | 0.0810e-5 | 10e-4 |

**IV.4.2 La détection de changement a contrario : application de l'algorithme 2**

Les résultats de l'application de la deuxième démarche sont représentés par la Figure (56) et le Tableau (21). Celui-ci nous donne les taux de changement, de faux changement ou fausses alarmes et de non changement.

120

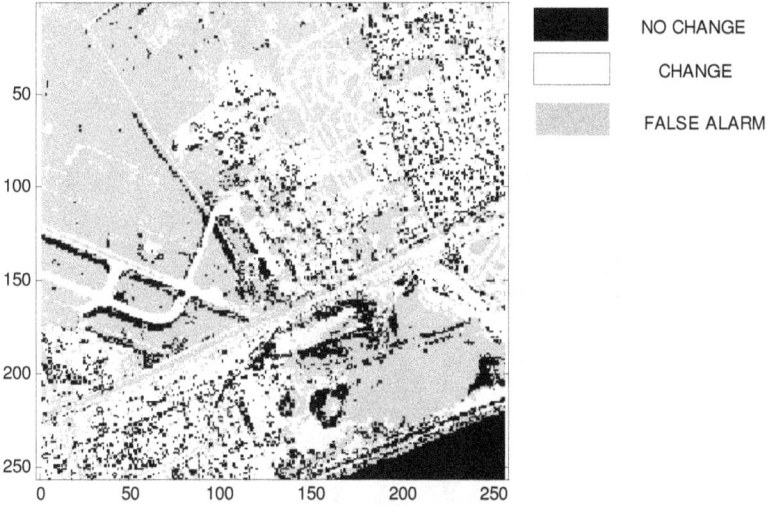

Figure 56: Résultat donné par l'application de l'algorithme2

**Tableau 21. Proportion de changement/non changement/faux changement dans le cas de l'application de la deuxième démarche**

| Méthode | Changement | Pas de changement | *Faux changement (fausses alarmes)* |
|---------|-----------|-------------------|-------------------------------------|
| *a contrario seuil* $\varepsilon=\pm2\sigma$ | 47.06% | 13.45% | 39.49% |

## IV.4 .3 Evaluation de la détection de changement a contrario par rapport à une méthode classique de changement et à une vérité terrain

Pour évaluer la performance de la détection de changement a contrario selon les deux approches considérées nous avons comparé les résultats obtenus dans les deux cas avec les résultats de l'application d'une méthode de détection de changement classique basée sur la différence d'image tel qu'elle a été décrite dans le chapitre.I section 3.1) : l'univariate image differencing (UID). La Figure (57) présente l'image différence résultante des images SPOT1(87) et SPOT5(2003).

Figure 57: image de différence entre SPOT5 et SPOT1

Pour pouvoir procéder à l'évaluation en question, nous avons généré la carte de changement relative à l'image de différence (Figure(58)). Ce masque binaire a été obtenu en considérant que si la différence est nulle on n'a pas de changement, sinon il y'a changement. Enfin, une extraction des taux de changements nous a permis de construire le tableau (22).

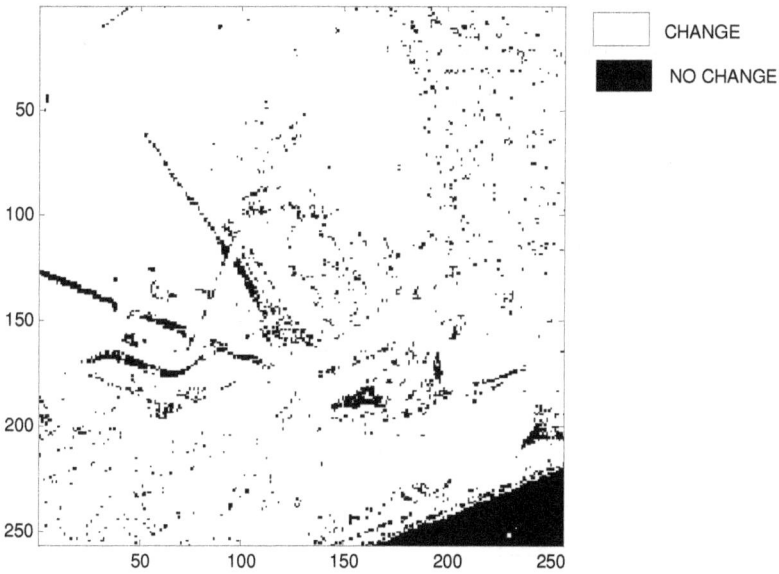

Figure 58 : Carte de changement relative à l'image de différence

Le tableau (22) nous fournit aussi les proportions d'occupation de « Changement », de « Pas changements » et de « Faux changements ».Dans le cas de l'application de l'algorithme1 et de l'algorithme2. De plus ces résultats ont été validés avec une vérité de terrain.

**Tableau 22 : Proportion de changement /non changement dans le cas de l'application d'un algorithme simple de différence, de l'algorithme1 et de l'algorithme2 et de la vérité de terrain**

| proportion | Changement | Faux changement | Pas de changement |
|---|---|---|---|
| différence | 86.83% | | 13.17% |
| Algo1 | 57.34% | | 42.66% |
| Algo2 | 47.06% | 39.49% | 13.45% |
| Vérité terrain | 54.98% | | 45.02% |

Nous avons constaté que les résultats de l'algorithme de différence simple sont très éloignés de la réalité du terrain. Par contre, nous avons obtenu des résultats relatifs à la différence a contrario qui se rapprochent le plus de la vérité terrain.

**IV.5 Conclusion**

Nous avons modélisé le problème de la détection de changement en se basant sur une approche a contrario, en proposant deux algorithmes. Le premier traite des images en niveaux de gris et le seuil est choisi d'une manière arbitraire.

Les problèmes rencontrés lors de l'application de l'algorithme 1 résident :

- Dans le choix et la fixation du seuil,

- La différence doit se faire sur des images en niveau de gris.

Les résultats obtenus après application de l'algorithme 1 semblent être convaincants.

Le deuxième algorithme considère des images labellisées et fixe le seuil ε-significatif en se basant sur le principe des cartes de contrôle.

Les résultats de l'application de la deuxième démarche nous ont donné les taux de changement, de faux changements ou fausses alarmes et de non changement.

L'évaluation de la détection a contrario a prouvé la validité du premier algorithme par rapport aux autres approches.

La détection de changement basé sur l'approche a contrario nous a permis de calculer des taux de changement globaux, une étude plus approfondie nous permettra éventuellement d'avoir des taux de changements relatifs à chaque thème. Ainsi que l'intégration d'informations complémentaires dans le processus de détection de changement nous permettra de perfectionner notre approche.

# Chapitre V. Fusion de données pour la détection de changement

## Chapitre V. Fusion de données pour la détection de changement

## V.1 Introduction

La fusion de données de type images prend de plus en plus d'importance du fait de la multiplication des sources d'images. De plus, de nombreuses méthodes de traitement d'informations issues des images se sont développées, augmentant ainsi les sources d'informations disponibles sur les images traitées.

Les principales approches numériques de la fusion d'informations englobent :

- la fusion d'images de type multi-échelle par des méthodes classiques telles que l'analyse en composantes principales qui nous permet d'obtenir une image multi-spectrale à haute résolution.

- les approches probabilistes et bayésiennes qui permettent la combinaison des informations de manière associative sur l'ensemble des logiques : conjonction, disjonction et moyenne,

- les approches markoviennes qui intègrent l'hypothèse de dépendance spatiale et contextuelle propre aux images et aux bases de données [39],

- la théorie des croyances qui permet de mesurer des conflits entre les sources et les interprètes en termes de fiabilité des sources, de monde ouvert ou de contradictions d'observations [40];

- les approches floues et possibilistes qui présentent un très bon outil pour représenter explicitement des informations imprécises sous la forme de fonctions d'appartenance [39] ;

- les approches multi-résolutions qui font appel à la transformée en ondelettes et qui reposent sur la construction d'une pyramide d'images obtenues par filtrage puis par sous-échantillonnage successifs à partir de l'image originale permettant ainsi de décrire une image par ses approximations successives à des résolutions de plus en plus grossières [41];

- les approches connexionnistes qui font appel aux réseaux de neurones qui présentent les avantages de tolérance par rapport aux fautes, d'un apprentissage automatique des poids, d'une capacité de généralisation et de l'indépendance des statistiques du signal d'entrée [42].

Dans une première partie nous commencerons par décrire les principes de la fusion d'images, ensuite nous nous intéresserons au développement de la fusion *a contrario* des indicateurs de changement dont le premier but est de démontrer qu'il existe des changements entre les différentes bandes d'une même image source et que le taux de changement reste le même d'une image source à une autre. Et le deuxième objectif est de déterminer le taux de changement entre les images multi-temporelles. Enfin, dans une dernière partie nous présenterons et discuterons les résultats de la fusion d'indicateurs de changement selon une modélisation *a contrario*.

## V.2 La fusion d'images

### V.2.1 Définitions et avantages de la fusion d'images

La fusion d'images est une sous-classe de la fusion de données [43]. La fusion d'images est la réunion d'au moins deux images. Cette technique a pour objectif principal de combiner des données complémentaires tout en augmentant la quantité et la qualité d'information.

Bloch [44] affirme que l'objectif de la fusion d'image c'est d'abord améliorer les trois tâches principales de la reconnaissance des formes, de la détection et de l'identification. Ainsi, la mise en œuvre de méthodes de fusion peut intervenir au niveau de la segmentation, de la reconstruction, de la détection de changement et aussi la mise à jour de la connaissance sur un phénomène ou une scène. Une revue de la littérature a révélé que l'application de la fusion d'images satellitaires procure les avantages suivants [44] :

- augmente la netteté de l'image,
- améliore la reconnaissance de certains détails, invisibles lorsque les données d'un seul capteur sont utilisées,
- augmente la qualité des résultats de classification,
- substitue l'information manquante.

## V.2.2 Les différents niveaux de la fusion

Il est important de savoir à quel niveau la fusion peut être effectuée. On distingue ainsi différents niveaux qui peuvent satisfaire à nos exigences, sans doute en fonction des données disponibles, des contraintes imposées et enfin des finalités recherchées, à savoir la fusion de pixels, la fusion d'attributs et la fusion de décisions. La fusion se présente alors comme un processus ou un enchaînement de tâches qui comprend obligatoirement trois étapes essentielles [45]:l'extraction d'attributs, la fusion proprement dite et la prise de décision.

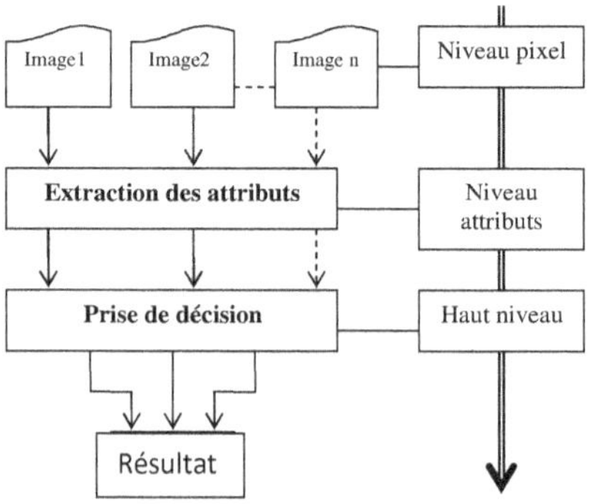

Figure 59 : Différents niveaux de la fusion

130

### V.2.2.1 La fusion niveau pixels

La fusion de pixels consiste en une correspondance au niveau pixel réalisée sur des données brutes extraites des différents capteurs, il s'agit d'une « fusion bas niveau » étant donné que les paramètres mesurés sont proche des paramètres physiques mesurés, de ce fait la juxtaposition des données donne une couverture complète de la scène. La fusion de pixels vise à regrouper des informations de diverses origines dans un même espace et à présenter les résultats sous la forme d'une nouvelle image riche en informations.

### V.2.2.2 La fusion niveau attributs

La fusion d'attribut est une « fusion à haut niveau » qui consiste à identifier les objets auxquels on s'intéresse, tout en sachant la position respective de ces objets dans les repères de représentation de chacune des sources d'informations. Les images à fusionner seront traitées séparément afin d'en extraire une information qui servira d'entrée au processus de fusion et qui consistera en des paramètres déduits des mesures directes effectuées par le capteur. La nature physique des mesures est très importante, car elle va permettre de déduire des caractéristiques spécifiques appelées attributs.

### V.2.2.3 La fusion niveau décisions

La fusion de décision intervient au niveau de la prise de décision. Après l'extraction des attributs des différentes sources, la fusion de décision se fait à haut niveau sémantique. Cependant, la fusion de décision n'est pas optimale, car les traitements se font sur chaque image séparément, par conséquent, ce type de fusion est conseillé lorsqu'on utilise des images déjà traitées ou disponibles dans la base de données [43].

### V.2.3 Les architectures de fusion

La polémique de la fusion de données réside dans le choix d'une méthode adéquate de combinaison des informations, du choix d'une stratégie (centralisée, décentralisée, hybride) du niveau auquel se situe l'information, du type d'informations à combiner et enfin du but du processus de fusion qui permet de décrire aussi bien des opérations élémentaires que des opérations complexes. L'opération de fusion peut être représentée par le schéma général de Houzelle [43]. La cellule de fusion fonctionne selon le principe d'une boite noire qui reçoit des entrées et produit des sorties. C'est au sein de la cellule de fusion « F » que la réunion des données aura lieu. En effet, cette cellule intégrera les données provenant des images ainsi que d'autres types de données, résultats annexes et connaissances externes.

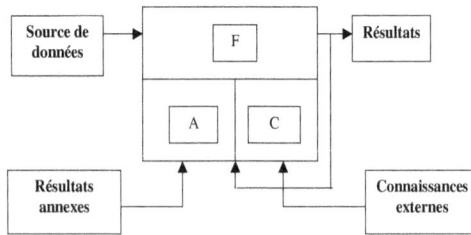

Figure 60 : Cellule de fusion [43]

### V.2. 3.1 L'architecture centralisée

Ce type d'architecture permet d'exploiter en un seul lieu et de manière simultanée ou non l'ensemble des données sources, généralement les données provenant des différents capteurs permettant ainsi de repousser la prise de décision à la fin de la combinaison des informations [43]. Ce mode de fusion permet de fournir de bons résultats puisque la décision est prise à partir de l'ensemble de l'information contenue dans les données, néanmoins, l'un des capteurs peut présenter un taux d'erreur important ce qui contribue à faire décroître la qualité de l'information et par conséquent altérer les résultats. Cependant, l'architecture centralisée requiert la disponibilité de toutes les informations en un même lieu, ce qui implique en particulier, des moyens de communication appropriés. Elle impose également une charge de calcul importante. A chaque changement d'entrée, l'ensemble des calculs doit être repris [43].

### V.2.3.2 L'architecture Décentralisée

Dans ce type d'architecture les traitements sont réalisés source par source et les décisions sont prises à fur et à mesure ce qui présente une grande flexibilité et modularité. En effet les sorties des cellules de fusion locale $F_1$, $F_2$,..., $F_n$ ont chacune $R_i$ résultats et $Q_i$ paramètres de qualité qui seront transmis à la cellule de fusion final $F$, ce qui permet d'avoir le résultat $R$, les $R_i$ et $Q_i$ seront considérés à leur tour comme des entrées de la cellule de fusion finale $F$ et par conséquent produisent en sortie le résultat R et les paramètres de qualité $Q$.

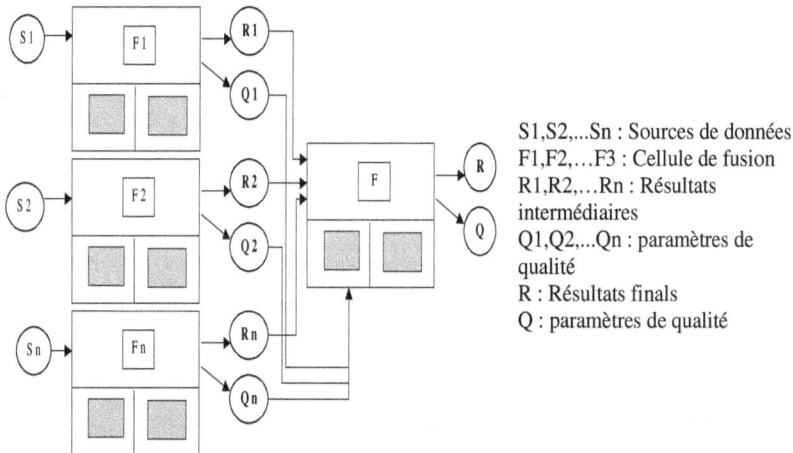

S1,S2,...Sn : Sources de données
F1,F2,...F3 : Cellule de fusion
R1,R2,...Rn : Résultats
intermédiaires
Q1,Q2,...Qn : paramètres de
qualité
R : Résultats finals
Q : paramètres de qualité

Figure 61 : Architecture décentralisée [43]

### V.2.3.3 L'architecture Hybride

133

Un autre type d'architecture peut être mentionné à savoir le modèle hybride de fusion qui n'est autre qu'une combinaison entre le modèle centralisé et le modèle décentralisé décrit précédemment. Le modèle hybride consiste à choisir d'une manière adaptative les informations nécessaires pour un problème donné en fonction des spécificités des images [46]. Cette combinaison peut se faire entre plusieurs sources de données et plusieurs cellules de fusion, ensuite plusieurs données résultats et une cellule unique de fusion.

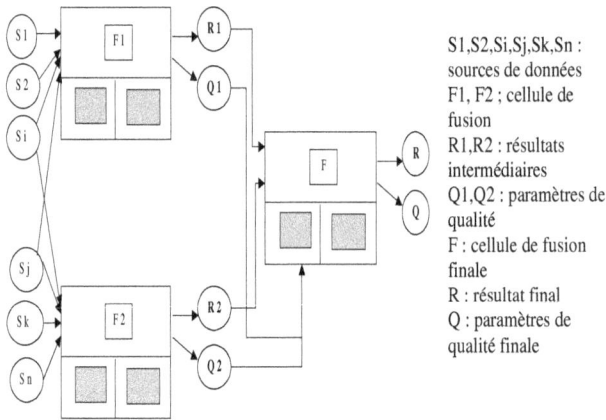

Figure 62 : Architecture hybride [43]

### V.2.4 Description d'un problème général de fusion

Si on considère un problème général de fusion pour lequel on dispose de $m$ sources $S_1$, $S_2$,......$S_m$, et pour lequel le but est de prendre une décision dans un ensemble de n décisions possibles $d_1, d_2$, ....$d_n$. Les principales étapes à résoudre pour construire le processus de fusion sont les suivantes [40]

### V.2.4.1 La modélisation

Cette étape comporte le choix d'un formalisme, et des expressions des informations à fusionner dans ce formalisme. Cette modélisation peut être guidée par les informations supplémentaires (sur les informations et sur le contexte ou le domaine). Supposons que chaque source $S_n$ fournisse une information représentée par $M_{(n,n)}$ sur la décision $d_i$. La forme de $M_{(n,n)}$ dépend bien sûr du formalisme choisi. Elle peut être par exemple une distribution dans un formalisme numérique, ou une formule dans un formalisme logique.

### V.2.4.2 L'estimation

La plupart des modélisations nécessitent une phase d'estimation (par exemple toutes les méthodes utilisant des distributions), ou encore à ce niveau les informations supplémentaires peuvent intervenir.

### V.2.4.3 La combinaison

Cette étape concerne le choix d'un opérateur, compatible avec le formalisme de modélisation retenu et guidé par les informations supplémentaires fournies.

### V.2.4.4 La décision

C'est l'étape ultime de la fusion, qui permet de passer des informations fournies par les sources au choix d'une décision $d_i$.

### V.3 Détection de changement par fusion d'indicateurs : modèle a contrario

L'application de la Gestalt théorie en traitement d'images, repose sur la détection de structures non attendues, c'est-à-dire fortement improbables ou plus exactement extrêmement « rares » sous le modèle a priori [25]. Ainsi, on peut détecter des « évènements » sans faire d'hypothèse sur la forme de ces événements, mais simplement en testant la cohérence par opposition à un modèle a priori (dit modèle naïf), ce qui justifie le qualitatif de détection a contrario [47].

Il s'agit de détecter, sur une image, les régions ou groupes de pixels pour lesquels la mesure observée est inattendue. Le changement d'occupation du sol d'origine anthropique ou naturelle, modification locale de facteurs environnementaux, etc. appelée par Mascle « qualification du changement », est généralement déterminé de façon postérieure à la « détection du changement » à l'aide d'informations annexes.

Mascle [47] propose d'améliorer la détection de changement fondée sur l'utilisation d'un seul indicateur de changement, en fusionnant les résultats de la détection de changement de différents indicateurs. Le problème de la détection de changement en HR peut être écrit selon Mascle comme celui de l'estimation de $\{\delta_s, s \in \Omega\}$ o˥ $\delta_s \in \{C, \bar{C}\}$. $C$ étant la classe « Changement », et $\bar{C}$ la classe « Non Changement » connaissant $\{zs, \in \Omega\}$ image HR d'indicateur de changement déduite de $\{xs, s \in \Omega\}$. L'intérêt de la théorie des croyances de Dempster-Shafer est alors de pouvoir représenter l'imprécision et l'ignorance présentes notamment aux frontières des classes $C$ et $\bar{c}$. Les deux problèmes à considérer sont :

- **L'analyse des images des indicateurs de changement**

Pour chaque image d'indicateur de changement considéré, il s'agit de déterminer de façon automatique le nombre de classes présentes, en plus de leurs caractéristiques à savoir:

- 1 pour $C$ ,

- 2 pour $C$ et $\bar{c}$ .

Plutôt que d'utiliser des tests statistiques classiques, Mascle présente une approche a contrario, qui consiste à estimer la probabilité d'un évènement sous l'hypothèse à mettre en défaut (pas de changement dans ce cas), et à montrer que, sous cette hypothèse, l'observation faite est extrêmement rare Nombre Moyen de Fausses Alarmes inférieur à 1.

- **La combinaison des images des indicateurs de changement au niveau décisionnel**

Après avoir déterminé les caractéristiques des classes pour chaque indicateur à fusionner, Mascle [47] propose d'utiliser soit des fonctions de masse soit de type gaussienne quand une hypothèse de distribution conditionnelle gaussienne sur la classe considérée a été validée, soit de type sigmoïde, de façon à avoir des transitions graduelles aux frontières des classes, où l'imprécision de la localisation automatique de la frontière entre $C$ et $\bar{C}$ a été prise en compte. La masse de $\Theta$, $\Theta = C \cup \bar{C}$, de valeur maximale située à la frontière entre $C$ et $\bar{C}$ et paramétrée en fonction du « *taux de recouvrement* » de $C$ et $\bar{C}$. La fusion se fait classiquement en utilisant la règle de combinaison de Dempster, et une maximisation de la croyance sous contrainte qu'elle soit supérieure à 0,5.

## V.3.1 Méthodologie de détection de changement a contrario par fusion d'indicateurs de changement

La détection automatique de changement par fusion des indicateurs d'après les travaux de Mascle [48], s'appuie sur deux points essentiels à savoir l'analyse des images des indicateurs de changement et la combinaison de ces images des indicateurs de changement au niveau décisionnel. D'abord, nous allons décrire les indicateurs de changement que nous avons utilisés, ensuite nous allons présenter la méthodologie que nous comptions suivre pour la mise en place du processus de fusion a contrario et enfin nous passons à la formalisation d'un algorithme de détection de changement par fusion a contrario des indicateurs de changement.

## V.3.1.1 Indicateurs de changement

Parmi les indicateurs de changement, utilisé par Mascle [47] des indicateurs de type :

- de « différence absolue de valeurs ponctuelles normalisées » sachant que ces valeurs peuvent être des réflectances, des indices de végétation, etc.,

- des indicateurs de type « différence absolue de paramètres texturaux » qui peuvent être déduits de la matrice de co-occurrence,

- des indicateurs de type « mesure de l'information » il s'agit d'information mutuelle locale, ou quantité d'information par rapport à une classe .

### V.3.1.1.1 Descripteurs de textures

Parmi les indicateurs que nous avons utilisés dans le processus de détection de changement, des indicateurs que nous avons déduits à partir des descripteurs de textures à savoir :

- l'entropie locale d'une image I en niveau de gris, J=entropyfilt(I), où chaque pixel de sortie contient la valeur de l'entropie sur une fenêtre de 9 sur 9 autour du pixel correspondant dans l'image d'entrée.

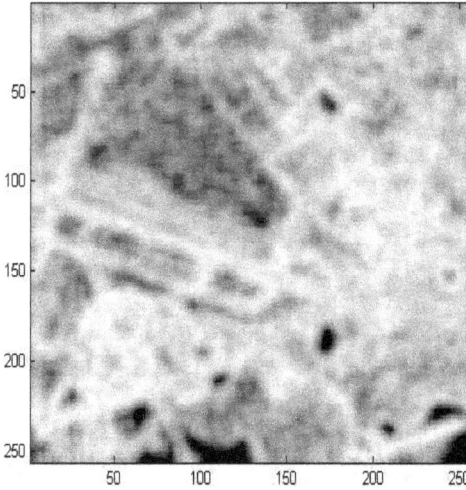

Figure 63 : image entropie relative à l'image spot1(1987)

- l'écart type local d'une image I en niveau de gris, J=stdfilt(I), où chaque pixel de sortie contient l'écart-type calculé sur une fenêtre de 3 sur 3 autour du pixel correspondant dans l'image d'entrée I. La figure(64) représente l'image de sortie J obtenu par l'application de l'écart type local dans cet exemple sur l'image SPOT5 .

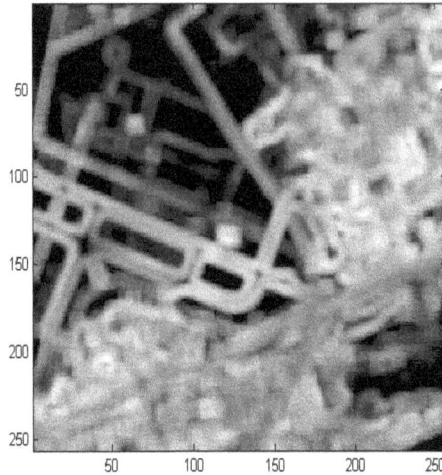

Figure 64 : image écart type relative à l'image spot5(2003)

- Le ré-ordonnancement d'une image I en niveau de gris
  J = rangefilt (I) retourne le tableau J, où chaque pixel de sortie
  contient la valeur d'ordre qui correspond à la valeur maximale
  moins la valeur minimale sur un voisinage de 3 sur 3 autour du
  pixel considéré. La figure (65) montre comment la valeur de
  l'élément B en position (2,4) a été calculée à partir de l'élément
  A en position (2,4). La figure(66) représente l'image de sortie J
  obtenu par l'application de la fonction rangefilt dans cet exemple
  sur l'image spot4.

140

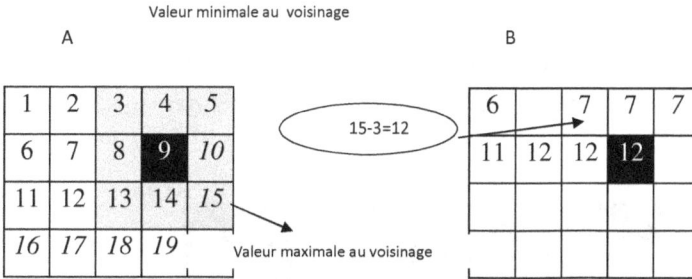

Figure 65 : exemple pour le calcul de la fonction rangefilt

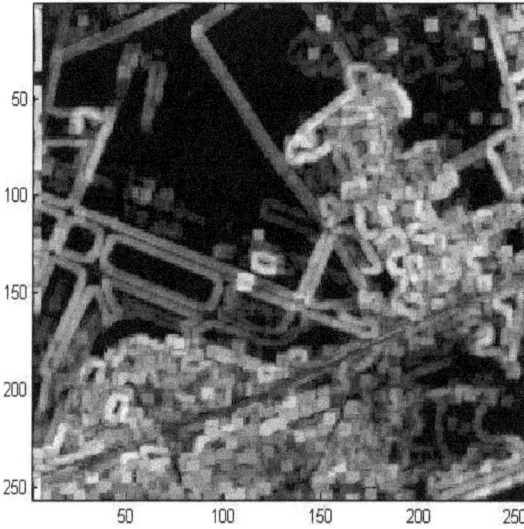

Figure 66 : image re-ordonnée relative à l'image spot4(2000)

## V.3.1.1.2 Indicateur de changement pour la différence

A partir d'opérateurs arithmétiques simple comme l'image différence en appliquant ; l'univariate image differencing (UID) décrit dans la section (I.2.3).

J=abs(diff(I1,I2)), où chaque pixel de sortie contient la valeur absolue de la différence calculé pixel par pixel . La figure(67) représente l'image de sortie J obtenu par l'application de la différence dans cet exemple sur les images (spot5 et spot4).

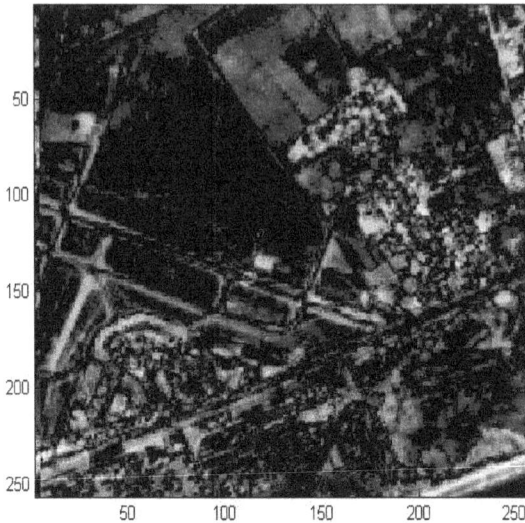

Figure 67 : image différence relative à l'image spot1(1987)- spot4(2000)

### V.3.1.2  Principe de la méthode de fusion des indicateurs de changement
### a contrario

L'application des indicateurs de changement sur les N images sources, nous permet de générer un ensemble d'images « Indicateurs de changement ». La combinaison de ces images « indicateurs de changement» : $M_n$ se fait après l'estimation des images probabilités  et selon certains critères de décision basée sur des seuils Ɛ-significatifs.

142

Lorsque l'on teste une hypothèse appelée « hypothèse nulle » et notée $H_0$, on procède à des calculs de probabilités en supposant qu'elle est vraie. Et l'hypothèse alternative $H_1$ en supposant qu'elle est fausse. Si on considère l'événement «la probabilité de n'avoir aucun changement »

L'estimation des images probabilités sous les hypothèses a contrario se fait  tel que :

$H_0$ : « la probabilité P que la mesure à un pixel donné soit inférieure à un seuil $\varepsilon$ ». Et la probabilité d'obtenir un changement P(Mn) selon une distribution binomiale dans une série de k tirages :

$$P(x = k) = \binom{n}{k} P^k (1-k)^{n-k} \qquad \text{V-1}$$

ou $\qquad \binom{n}{k} = \dfrac{n!}{k!(n-k)!}$

Pratiquement, on a une équiprobabilité, donc une chance sur deux d'avoir un changement :

$$P(M_n) = p(x_i)(1/2)^k (1-1/2)^{n-k} \qquad \text{V-2}$$

avec $p$ : « la probabilité d'avoir un niveau de gris $n_g$ » par exemple si on a dans une image $n_g$ variant de [0-255] et $x_i$ le $i^{\text{éme}}$ pixel des $M_n$ images .

$$p(x_i) = \frac{f_{n_g}}{L * L} \qquad \text{V-3}$$

avec $f_{ng}$ : la fréquence d'apparition du $n_g$ $^{iéme}$ niveau de gris dans l'image considéré.

$LxL$ : la taille de l'image.

Pour une image donnée, nous estimons qu'il y a un changement si $P(E/H_0) \leq \varepsilon$.

$E_{\varepsilon_i .u} = \{au$ moins $k_i$ $pixels$ $de$ u $ont$ une mesure supérieur à $\varepsilon_i\}$ u représente le vecteur formé par les p-valeurs issus de chaque indicateur de changement.

La règle de fusion consiste à choisir $P(E_{\varepsilon_i .u}) \leq \varepsilon$ .

La démarche décrite va nous permettre de calculer le taux de fausses identifications des changements (TFC) et de déduire le nombre de fausses alarmes (NFA).

Comme nous avons $M_n$ images avec un ensemble de seuils de décision $\varepsilon_i$, on peut s'attendre à avoir $\varepsilon_i M_n$ fausses détections. $TFC = NxP(M_n)$.

Ainsi pour chaque valeur de seuils nous avons calculé un TBC et tracé une courbe décrivant l'évolution du taux en fonction des seuils.

La dernière étape consiste à générer un masque binaire des changements détectés à partir des p-valeurs $\mathcal{E}$-significatifs.

*N images sources*

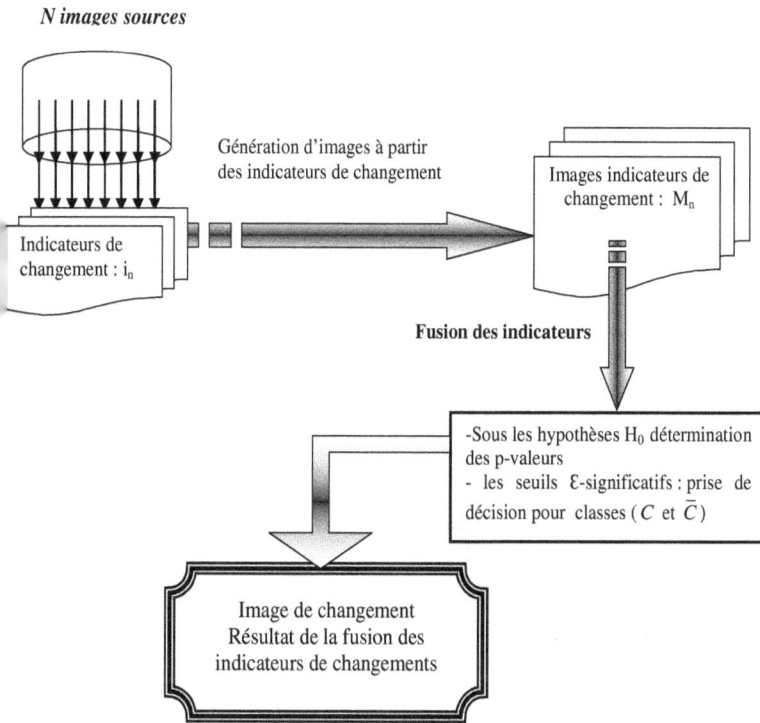

Figure 68: Schéma de la méthodologie de détection de changement par fusion d'indicateurs de changement en se basant sur une approche a contrario

## V.3.2 Formulation de l'algorithme

Algorithme de la fusion des indicateurs a contrario

**Entrée** : Une matrice U formée par les p-valeurs extraites des $M_n$ images « descripteurs de changement ».

**Sorties :**   1. La carte de changement

2. une courbe représentant les différents taux de bonne identification des classes (TBC) en fonction des différentes valeurs du seuil

Début

**Etape1**

   $U \leftarrow P(M_n)$

**Etape2**

   $\varepsilon \leftarrow 1$

   Tant que $\varepsilon <= 10^{-40}$

      Initialisation $k \leftarrow 0$

      Tant que $TFC = (\frac{1}{2})^k (1-1/2)^{(n-k)} *N < \varepsilon$ faire

         $k \leftarrow k+1$

         Création d'une matrice T composée des valeurs de la matrice U qui sont inférieur à $\varepsilon$

         $T \leftarrow find(U < \varepsilon)$

         Fin tant que

         Stocké la valeur du TBC correspondant au seuil $\varepsilon$ donnée

      $\varepsilon = \varepsilon /10$

   Fin tant que

**Etape3 :**

   1. affichage de la carte de changement détecté à partir des p-valeurs $\varepsilon$-significatifs formé par les classes.

      $C$ =changement

      $\bar{C}$ = pas de changement

   2. affichage de la courbe TBC en fonction de chaque valeur de $\varepsilon$

Fin

La plus petite valeur de $\varepsilon$ ($\varepsilon=10^{-40}$) a été déterminé expérimentalement.

### V.3.3 Processus de fusion a contrario

Cette fusion obéit au formalisme général décrit dans la section (V.4). En effet, la modélisation s'est faite à partir de chaque image source I qui a fourni une information représenter par M. La modélisation a nécessité une phase d'estimation qui s'est faite en calculant les p-valeurs associées à M, suivi de l'étape de combinaison qui consiste dans le choix d'un opérateur (les p-valeurs). Et enfin l'étape de prise de décision (figure 69).

La fusion multi-sources qui a été mise en place est une fusion qui est basée sur une architecture centralisée.

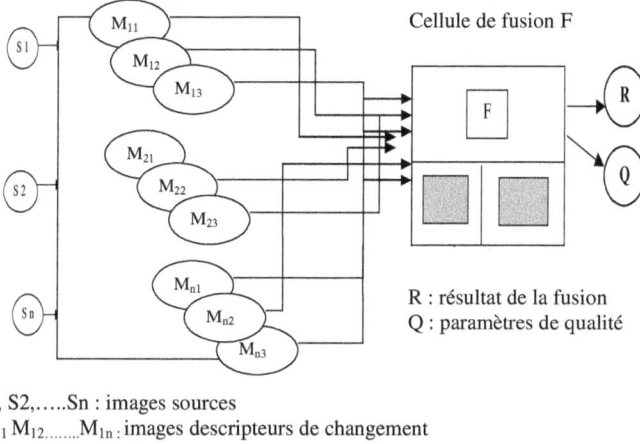

S1, S2,…..Sn : images sources
$M_{11}$ $M_{12}$……..$M_{1n}$ : images descripteurs de changement

Figure 69 : architecture de la fusion *a contrario*

### V.4 Résultats de la détection de changement a contrario par fusion d'indicateurs de changement

La détection automatique de changement par fusion des indicateurs s'appuie sur deux points essentiels à savoir l'analyse des images des indicateurs de changement et la combinaison de ces images des indicateurs de changement au niveau décisionnel.

Nous avons appliqué la détection de changement par fusion des indicateurs, d'abord sur des images multi-spectrales ayant une même résolution temporelle, ensuite sur des images multi-temporelles en choisissant de combiner les bandes portant la plus grande quantité d'information.

Le tableau (23) nous donne une description exacte des données utilisées : images sources et images indicateurs de changement.

**Tableau 23. Description des données**

| Description | SPOT1 | SPOT2 | SPOT4 | SPOT5 |
|---|---|---|---|---|
| Bandes spectrales | xs1 : 0,50-0,59 µm<br>xs2 : 0,61-0,68 µm<br>xs3 : 0,78-0,89 µm | xs1 : 0,50-0,59 µm<br>xs2 : 0,61-0,68 µm<br>xs3 : 0,78-0,89 µm | B1 : 0,51-0,59 µm<br>B2 : 0,61-0,68 µm<br>B4 : 1,58-1,75 µm | 0,49 à 0,69 µm |
| Descripteurs entropique | Xs1 | Xs1 | B1 | X |
| Descripteurs ordonnancement | Xs1 | Xs1 | B1 | X |
| Descripteurs Ecart type | Xs1 | Xs1 | B1 | X |
| Descripteurs différences | Xs1 | Xs1 | B1 | X |
| Date | 1987 | 1998 | 2000 | 2003 |
| Résolution | 10 m | 20m | 20 m | 5 m |
| Taille en pixel | 256x256 | 256x256 | 256x256 | 1024x1024 |

Le premier objectif étant celui de montrer que l'application de l'algorithme mis en place sur une seule image source multi-spectrale SPOT1 composée de trois bandes : xs1, xs2 et xs3 et datant de 1987 nous a permis de détecter des changements. En effet la figure (70) montre que pour un seuil $\varepsilon$ égal à $10^{-3}$ et k=7, on obtient un taux de bonne identification de changement(TBC) égal à 19.61%. Aussi le calcul du coefficient de corrélation entre les 3 bandes décrites par le tableau (24) montre qu'il y a une forte corrélation entre les bandes xs1 et xs2 et que cette corrélation devient faible quand il s'agit de la deuxième et troisième bande.

**Tableau 24 .Coefficients de corrélation des bandes de l'image SPOT1**

| bandes | Xs1 | Xs2 | Xs3 |
|--------|--------|--------|--------|
| Xs1 | 1 | 0.7806 | 0.9115 |
| Xs2 | 0.7806 | 1 | 0.6820 |
| XS3 | 0.9115 | 0.6820 | 1 |

Bien qu'il s'agisse de la même image source, ces bandes ne sont pas porteuses de la même quantité d'information. En effet, la réflectance émise par les objets au sol varie selon la longueur d'onde. Le TBC nous a permis de mettre en évidence l'information utile et d'écarter la redondance entre les bandes.

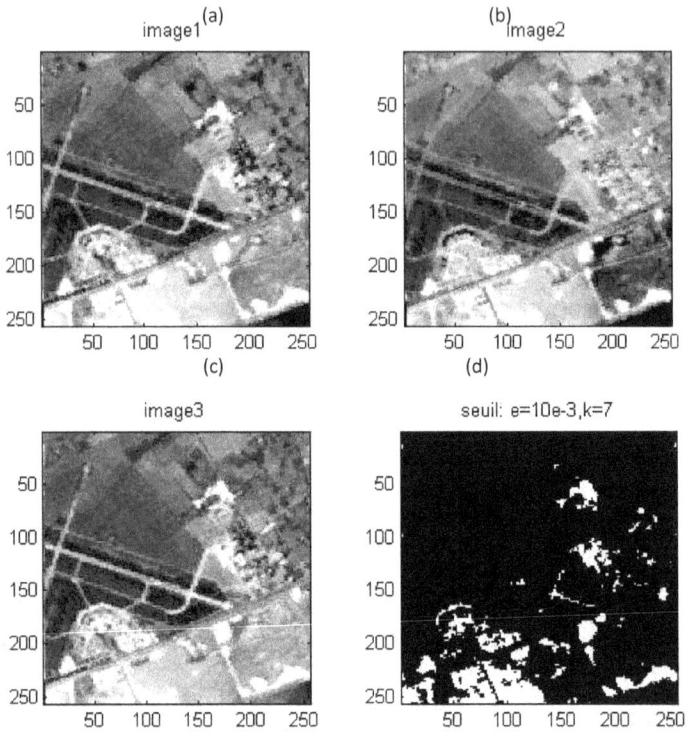

Figure 70 : détection de changement par fusion d'indicateurs de
changement de l'image SPOT1 datant de 1987 (a) bande xs1, (b) bande xs2,
(c) bande xs3 et (d) image de changement.

L'application de l'algorithme de détection de changement sur l'image source
multi-spectrale SPOT2 composée de trois bandes : xs1, xs2 et xs3 datant de 1998 est
illustrée par la figure (71) qui montre que pour un seuil $\varepsilon$ égal à $10^{-3}$ et k=7 on obtient
un taux de bonne identification de changement (TBC) égal à 15.46%. Le tableau (25)
nous donne les coefficients de corrélation entre les 3 bandes. Nous constatons que les

bandes xs1 et xs2 sont fortement corrélées par contre nous avons une forte décorrélation entre les bandes xs2 et xs3.

**Tableau 25. Coefficients de corrélation des bandes de l'image SPOT3**

| bandes | Xs1 | Xs2 | Xs3 |
|---|---|---|---|
| Xs1 | 1 | 0.9859 | -0.122 |
| Xs2 | 0.9859 | 1 | -0.00865 |
| XS3 | -0.122 | -0.00865 | 1 |

Ensuite nous avons appliqué l'algorithme mis en place sur l'image source multi-spectrale SPOT4 composée de trois bandes : B1, B2 et B3 datant de 2000. La figure (72) montre que pour un seuil $\varepsilon$ égal à $10^{-3}$ et k=7 on obtient un taux de bonne identification de changement (TBC) égal à 15.53%. Les coefficients de corrélation entre les 3 bandes sont donnés par le tableau ci-dessous :

**Tableau 26. Coefficients de corrélation des bandes de l'image SPOT4( 2000)**

| bandes | B1 | B2 | B3 |
|---|---|---|---|
| B1 | 1 | 0.9539 | 0.0333 |
| B2 | 0.9539 | 1 | 0.0318 |
| B3 | 0.0333 | 0.0318 | 1 |

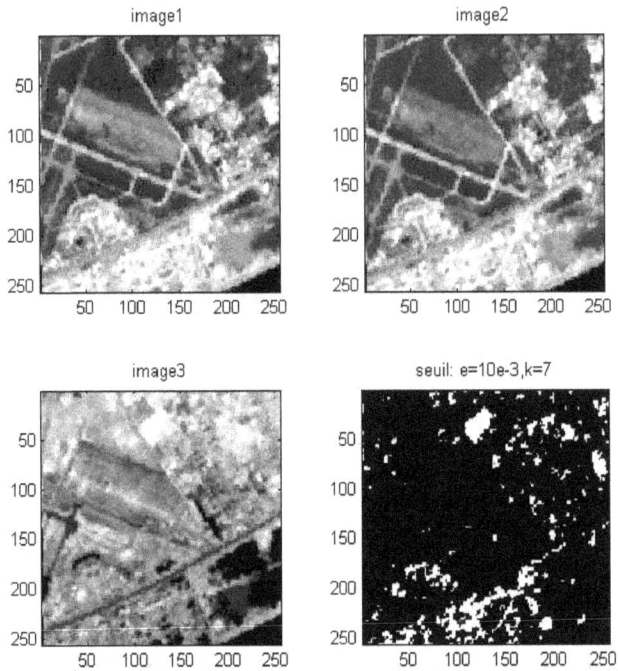

Figure 71: détection de changement par fusion d'indicateurs de changement de l'image SPOT3 datant de 1998(a) bande xs1, (b) bande xs2, (c) bande xs3 et (d) image de changement

Enfin, Nous avons appliqué l'algorithme de détection de changement sur les images sources multi-temporelles SPOT1 (bande xs1), SPOT2 (bande xs2), SPOT4 (bande B1) et SPOT5 datant respectivement de 1987, 1989, 2000 et 2003. Le choix des images sources s'est fait selon les bandes porteuses du maximum d'information.

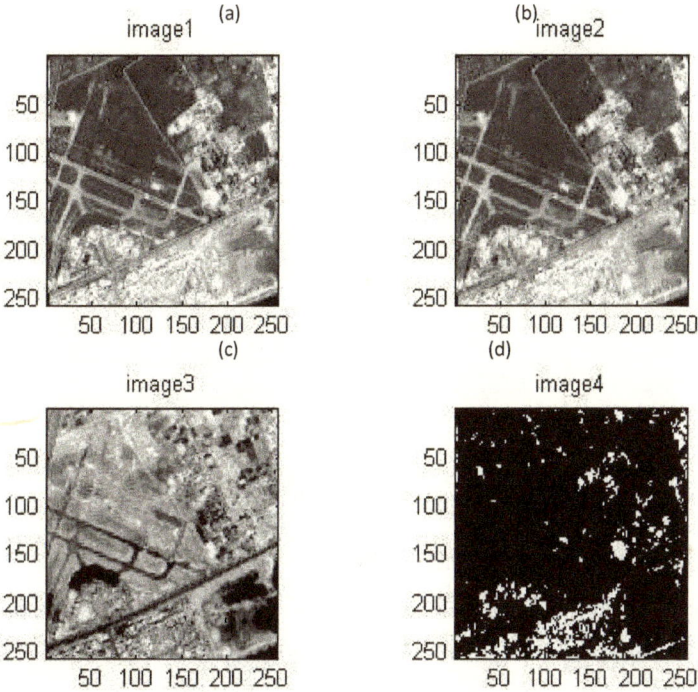

Figure 72: détection de changement par fusion d'indicateurs de changement de l'image SPOT4 datant de 2000(a) bande B1, (b) bande B2, (c) bande B3 et (d) image de changement

Sachant que l'algorithme de détection de changement évolue en prenant différentes valeurs du seuil et qu'à chaque valeur du seuil ε, nous obtenons un TBC. L'étude des résultats obtenus sont résumée par le graphique de la Figure(73).

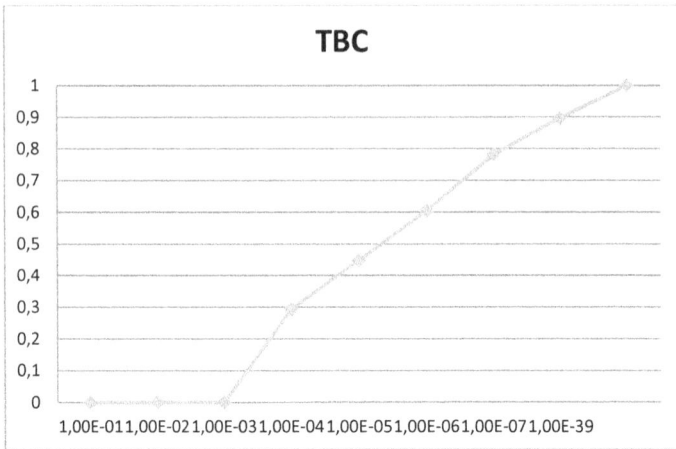

Figure 73: TBC en fonction du seuil

Cet algorithme trouve ses limites inférieures situées à $10^{-3}$ et ses limites supérieures à $10^{-40}$, la question à laquelle nous avons voulu répondre c'est pour quelle valeur du seuil ε-significatif on a un TBC valable. Sachant que plus le seuil est petit plus le TBC est élevé. Et qu'à partir de $10^{-7}$ on atteint déjà 80% de changement. De plus, l'étude relative à la détection de changement par rapport aux images multi-spectrales issues du même capteur montre que pour un seuil égal à $10^{-3}$ nous avons pu détecter des changements puisque les différentes bandes ne sont pas porteuses de la même quantité d'informations et nous avons remarqué également que le TBC est presque constant, de l'ordre de 15% pour les différentes bandes d'une même image source. Ces analyses nous ont permis d'opter pour un seuil égal à $10^{-4}$. La figure (74) montre que pour un seuil ε égal à $10^{-4}$ et k=32 nous avons un taux de bonne identification de changement (TBC) égal à 44.80%. Néanmoins, le calcul du coefficient de corrélation entre les images sources est fourni par le tableau ci-dessus :

**Tableau 27. Coefficients de corrélation entre les images SPOT1, SPOT3, SPOT4 et SPOT5**

| Images | 1987 | 1998 | 2000 | 2003 |
|--------|------|------|------|------|
| 1987 | 1 | 0.5457 | 0.4675 | 0.3845 |
| 1998 | 0.5457 | 1 | 0.4979 | 0.4099 |
| 2000 | 0.4675 | 0.4979 | 1 | 0.6437 |
| 2003 | 0.3845 | 0.4099 | 0.6437 | 1 |

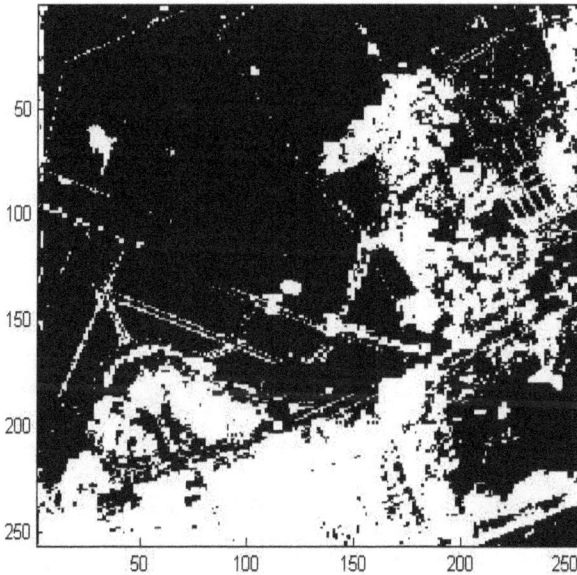

Figure 74: détection de changement par fusion d'indicateurs de changement

**V.5 Performance de la détection de changement basée sur la fusion a contrario**

Pour valider la fusion a contrario des indicateurs de changement, une comparaison par rapport à une méthode de détection de changement classique à savoir la méthode de la différence et à une vérité de terrain pour les années 87 et 2003 a été faite. Le tableau (28) fournit les proportions des taux de changement pour les années 87 et 2003 relatives aux différentes méthodes utilisées ainsi que les proportions réelles de changement extraites de la vérité de terrain.

**Tableau 28 : Proportion de changement/non changement dans le cas de l'application d'un algorithme simple de différence, des algorithmes de détection *a contrario*, de la fusion a contrario et de la vérité de terrain**

| Proportion | Changement | Faux changement | Pas de changement |
|---|---|---|---|
| différence | 86.83% | | 13.17% |
| Algo1 | 57.34% | | 42.66% |
| Algo2 | 47.06% | 39.49% | 13.45% |
| Vérité terrain | 54.98% | | 45.02% |
| Fusion a contrario | 44.80% | | 55.20% |

La fusion des indicateurs de changement a contrario semble donner de bons résultats par rapport à la méthode classique de détection de changement. Néanmoins, l'étude menée dans le chapitre IV relative à la détection de différence a contrario donne de meilleurs résultats dans le cas de l'application du premier algorithme.

## V.6 Conclusion

Dans cette partie, nous avons essayé d'aborder la problématique de la fusion pour la détection de changement, en introduisant d'abord, quelques notions de base concernant la fusion telle que les différents niveaux de la fusion et d'une façon générale, la description des processus de fusion.

Ensuite, nous nous sommes intéressés aux travaux de Bloch décrivant différentes modalités de l'introduction de l'information spatiale dans un processus de fusion.

Et enfin, nous avons tenté de détailler les travaux de Mascle touchant la modélisation a contrario pour la détection automatique de changement par fusion d'indicateurs. Sachant que l'approche adoptée par Mascle s'appuie sur deux points essentiels à savoir l'analyse des images des indicateurs de changement et la combinaison de ces images des indicateurs de changement au niveau décisionnel en se basant sur la théorie des croyances et en rejetant les modèles a priori .

Nous avons donc introduit dans ce chapitre les fondements de la fusion a contrario des indicateurs de changement.

Les problèmes rencontrés lors de l'application de l'algorithme de la fusion a contrario résident dans :

- le choix des indicateurs de changement,

- la détection de changement par rapport aux images sources multibandes,

- la fixation des valeurs du seuil.

L'évaluation de la détection a contrario a prouvé sa validité par rapport à la méthode de détection de changement classique. Malgré que la méthode de différence a contrario semble donner de meilleurs résultats. Cette défaillance pourra trouver son origine à cause de la redondance qui existe dans les données.

La détection de changement basé sur la fusion a contrario des indicateurs de changement pourra être perfectionnée par l'intégration d'autres indicateurs de changement et par l'emploi de données non redondantes.

# Conclusion générale

**Conclusion Générale**

Nous avons proposé des méthodes d'analyse multi-échelles basées sur le principe des cartes de contrôle, de détection a contrario et de fusion des indicateurs de changement en utilisant une approche a contrario pour le suivi de l'évolution et la détection de changement.

Nous avons exposé en premier lieu nos motivations par rapport aux différentes approches existantes pour la détection de changement. Ensuite un état de l'art concernant les différentes approches de détection de changement a été détaillé. Nous avons présenté quelques approches adoptées pour la détection de changement, sachant que chacune des méthodes présente selon le type d'application des avantages, et des inconvénients.

En chapitre 2, nous avons introduit l'approche a contrario conçue par Desolneux dans le cadre de la détection d'événements significatifs se basant sur le concept de la reconstruction visuelle introduite par les psychologues gestaltites. Nous avons ensuite abordé l'approche a contrario pour la détection de changement appliquée aux images satellitales hautes et basses résolutions, développée par Robin.

En chapitre 3, nous avons mis en œuvre des techniques d'analyse spatiale en utilisant des images ayant différentes résolutions spatiales et spectrales à des dates différentes. En effet, l'analyse multi-échelle est une étape préliminaire pour la détection de changement. Elle a permis d'évaluer l'effet de l'ordre de grandeur de la résolution spatiale des images satellitaires afin d'écarter l'erreur due au changement d'échelle. Les résultats obtenus à ce niveau, ont permis d'affirmer que pour une résolution de 5 à 20m on ne détecte pas de « faux changement » dû à la résolution. En seconde partie nous avons mis en place notre propre méthode d'analyse spatiale pour la détection de changement basée sur le principe des cartes de contrôle issues de la maîtrise statistique des procédés. Cette méthode a permis de déterminer les limites inférieures et supérieures qui ont permis de détecter des changements. Les avantages que présente cette méthode résident dans le fait qu'elle peut se faire avec un grand nombre d'images ayant différentes résolutions, et cela, quel que soit l'ordre de grandeur de ces images. Cependant, cette méthode offre l'inconvénient de ne pas être quantifiable. En outre, l'application se fait classe par classe, et donc nécessite préalablement une classification des images.

En chapitre 4 nous avons modélisé le problème de la détection de changement en se basant sur l'approche a contrario, en proposant deux algorithmes. Le premier algorithme, traite des images en niveaux de gris, le seuil étant choisi d'une manière arbitraire. Le deuxième algorithme considère des images labellisées et fixe le seuil ε-significatif en se basant sur le principe des cartes de contrôle. Les résultats de l'application de la deuxième démarche nous ont donné les taux de changement, de faux changement ou fausses alarmes et de non changements. Pour évaluer la performance de la détection de changement a contrario selon les deux approches nous avons comparé les résultats obtenus dans les deux cas avec les résultats de l'application d'une méthode de détection de changement classique basée sur la différence d'images. La détection a contrario a prouvé sa validité.

En chapitre 5, nous avons abordé la problématique de la fusion pour la détection de changement, en introduisant les notions de base de la fusion d'images, nous avons introduit les fondements de la fusion a contrario des indicateurs de changement, puis nous avons appliqué et évalué la méthode de fusion d'indicateurs de changement. L'évaluation de la fusion des indicateurs de changement a contrario a prouvé sa validité par rapport à la méthode de détection de changement classique.

**Perspectives**

Les perspectives de ces travaux concernent :

- l'analyse multi-échelle :
    - ⊃ cette étude doit être étendue à d'autres résolutions et cela en faisant varier le rapport de l'ordre de grandeur des images à comparer et en faisant varier également le nombre de classes considérées,
    - ⊃ en incorporant toutes les bandes spectrales afin d'en extraire toute l'information utile.
- la détection de changement en se basant sur l'approche a contrario :
    - ⊃ calcul du taux de changements relatifs à chaque thème,
    - ⊃ l'intégration d'informations complémentaires dans le processus de détection des changements
- la détection de changements basés sur la fusion a contrario des indicateurs de changement
    - ⊃ l'intégration d'autres indicateurs de changement,
    - ⊃ l'emploi de données non redondantes.

# Bibliographies

[1] Moisan Lionel, 2003 : « Modèles continus, numériques et statistiques pour l'analyse d'images » Habilitation à diriger des recherches, Université Paris-Sud – Centre d'ORSAY

[2] Burrus Nicolas, 2005 : « Détection statistique de segments significatifs sur rétine programmable » *Rapport de stage de master* M2 de recherche IAD (Intelligence Artificielle et Décision) à l'université Pierre et Marie Curie (Paris VI). Spécialisation Image et Son.

[3] Carincotte., C , 2005 : Segmentation markovienne floue d'images application en détection de changements entre images radar, thèse à l'université Paul Cezanne Aix-Marseille.

[4] P. R. Coppin, I. Jonckheere and K. Nachaerts, 2003. Digital change detection in ecosystem monitoring : a review, Int. J. of Remote Sensing, vol. 24, pp. 1–33 (2003).

[5] D. Lu, P. Mausel, E. Brondizio and E. Moran, 2004.Change detection techniques, Int. J. of Remote Sensing, vol. 25, no. 12, pp. 2365–2407 (2004).

[6] Ola Hall , Geoffrey J. Hay, 2003 . A Multiscale Object-Specific Approch to Digital Change Detection, Int. J of applied Earth Observation and Geoinformation ( in press).

[7] Malila, W. A. , 1980. Change vector analysis: an approach to detecting forest change with Landsat. Proceedings of the 6th International Symposium on Machine Processing of Remotely Sensed Data, Purdue University, West LaFayette, IN, USA (West LaFayette, IN: Purdue University), pp. 326-335.

[8] Lambin Eric F., Strahlerf Alan H., 1994. Change-Vector Analysis in Mulitemporal Space: A tool to detect and categorize land-cover change processes using high temporal-resolution satellite data. Remote Sens Environ. 48:231-244 (1994).

[9] Johnson, R.D., Kasischke, E.S., 1998. Change Vector Analysis : A technique fort the multispectrale monitoring of land cover and condition. Int. J. Remote Sens. 19, 411-426 (1998).

[10] Jensen, J,R,..1996. Digital change detection . In : Introductory Digital Image Processing, second ed. Prentice-Hall, New Jersy, pp . 257-277.

[11] Corgne Samuel, 2004 : « Modélisation prédictive de l'occupation des sols en contexte agricole intensif : application à la couverture hivernale des sols en Bretagne » thèse de doctorat de l'université de Rennes 2- Haute-Bretagne Costel UMR CNRS 6554 LETG.

[12] P. Thévenaz and M. Unser, 2000. Optimization of mutual information for multiresolution image registration, IEEE Trans. Image Processing, vol. 9, no. 12, pp. 2083–2099, 2000.

[13] J. Inglada, Similarity measures for multisensor remote sensing images, in IEEE Int. Conf. Geosci. Remote Sensing, vol. 1, (pp. 104–106), Toronto, Canada, June 24-28 2002.

[14] S. Hese and C. Schmullius, 2003. Forest cover change detection in Siberia, in Proc. of the High Resolution Mapping from Space Workshop, 2003.

[15] Y. Bazi, L. Bruzzone and F. Melgani, 2005. An unsupervised approach based on the generalized Gaussian model to automatic change detection in multitemporal SAR images, IEEE Trans. Geosci. Remote Sensing, vol. 43, no. 4, pp. 874–887, April 2005.

[16] J. R. Jensen and D. J. Cowen, 1997. Principles of change detection using digital remote sensor data, in Integration of geographic information system and remote sensing (edité par M. E. Estes), (pp.37–54), London : Cambridge Press, 1997.

[17] Pol R. Coppin I. Jonckheere, K. Nackaerts, B. Muys and E. Lambin, 2004. Change detection in forest ecosystems with remote sensing digital imagery, Int. J. of Remote Sensing, vol 25. ,N°9, pp.1565-1596, 2004.

[18] P. Deer, Digital change detection in remotely sensed imagery using fuzzy set theory, Phd thesis, University of Adelaide, Australia, Department of Geography and Computer Science, 1998.

[19] P. Deer and P. Eklund, Fuzzy logic for change detection in classified images, in Fuzzy logic and soft computing series, Springer Verlag, Berlin, 2002.

[20] G. Foody and D. Boyd, Detection of partial land cover change associated with the migration of inter-class transitionnal zone, Int. J. of Remote Sensing, vol. 14, pp. 2723–2740, 1999.

[21] P. Eklund, J. You and P. Deer, Mining remote sensing image data : an integration of fuzzy set theory and image understanding techniques for environmental change detection, in Proc. SPIE - Int. Soc. Opt. Eng., vol. Data Mining and Knowledge Discovery : Theory, Tools, and Technology II, (pp. 265–272), Orlando, Florida (USA), April 24-25 2000.

[22] S. Derrode, G. Mercier and W. Pieczynski, 2003. Unsupervised change detection in SAR images using a multicomponent hidden Markov chain model , in Second Int. Workshop on the Analysis of Multi-temporal Remote Sensing Images, vol. 3, (pp. 195–203), Ispra, Italy, July 16-18. 2003.

[23] J. Inglada, Change detection on SAR images by using a parametric estimation of the Kullback-Leibler divergence, in IEEE Int. Conf. Geosci. Remote Sensing, Toulouse, France, July, 21-25 2003.

[24] P. Agouris, S. Gyftakis and A. Stefanidis, Uncertainty in image-based change detection, in 4th Int. Symp. on Spatial Accuracy, (pp. 1–8), Amsterdam,Netherlands, July 2000.

[25] Agnes Desolneux. Evenements significatifs et applications à l'analyse d'images. PhD thesis, Ecole Normale Superieure de Cachan, December 2000.

[26] Agnes Desolneux, Lionel Moisan, and Jean-Michel Morel, 2001. Edge detection by Helmholtz principle. Journal of Mathematical Imaging and Vision, 14(3) :271n° 284, 2001.

[27] Agnes Desolneux, Lionel Moisan, and Jean-Michel Morel, 2002. Gestalt theory and computer vision. Technical report, preprint CMLA No 2002-06, 2002.

[28] Almansa andres, 2005. Sur quelques problèmes mathématiques en analyse d'images et vision stéréoscopique, habilitation a dirigé des recherches Université Paris V Rene Descartes U.F.R. mathématiques et informatique, 1 décembre 2005.

[29] Robin Amandine, Lionel Moisan, Sylvie Le Hégarat-Mascle, 2005. Approche a contrario pour la détection de changement à partir d'images satellite basse résolution. GRETSI 2005 : Louvain-la-Neuve, 6-9 Septembre 2005.

[30] Meyer Yves « Perception et compression des images fixes » prépublications du CMLA de l'année 2006.

[31] Jean-Pierre D'Alès, Jacques Froment et Jean-Michel Morel 1999 : « Reconstruction visuelle et généricité », Intellectica, 1999/1, No 28, p. 11-35.

[32] Jacques Froment, Simon Masnou et Jean-Michel Morel, 1998 : « La géométrie des images naturelles et ses algorithmes » Manuscrit 1998, A paraître dans *la revue du CNRS (Ed. Jean-Paul Allouche)*

[33] R. Faivre and A. Fischer, "Predicting crop reflectances using satellite data observing mixed pixels," J. Agric., Bio. Env. Stat., vol. 2, pp. 87–107, 1997.

[34] F. Van Der Meer, "Iterative spectral unmixing," Int. J. Rem. Sens., vol. 20, no. 17, pp. 3431–3436, 1999.

[35] M. Fischler and R. Bolles, "Random sample consensus : a paradigm for model fitting with applications to image analysis and automated cartography," Communications of the ACM, vol. 24, pp. 381–385, 1981.

[36] L. Moisan and B. Stival, "A probabilistic criterion to detect rigid point matches between two images and estimate the fundamental matrix," Int. J. Comp. Vision, vol. 57, no.3, pp. 201–218, 2004.

[37] Celeux, G. et Govaert, G. (1991). A classification EM algorithm for clustering and two stochastic versions. Rapport de recherche RR-1364, Inria, Institut National de Recherche en Informatique et en Automatique.

[38] Chabbi, Morched , Abid, Hassen., La mobilité urbaine dans le Grand Tunis : évolutions et perspectives. rapport Plan Bleu , 2008 ,90 p. :http://www.planbleu.org/publications/Mobilite_urbaine/Tunis/rapport_mobilite_urba ineTunis.pdf

[39] Janez Fabrice, 1997 : Rappels sur la théorie de l'évidence, Note Technique ONERA, NT 1997-1 ; 56 pages.

[40]  Bloch Isabelle et Maitre Henri, 2004 : Les méthodes de raisonnement dans les images ; Brique VOIR- Module RASIM ; ENST, département TSI, 299 Pages.

[41]  Soyed Hassen, 1998 : Fusion de donnée Radar-optique par transformées en ondelettes ; DEA, ENIT, LTSIRS, 68 pages.

[42]  Yahia Mohamed, 2002 : Classification   non dirigée des images Radar polarimétriques par réseaux de neurones ; DEA, Supcom, LTSIRS,  82 pages.

[43]  Wald Lucien, 2002 : Data fusion definitions and architectures, Ecole de Mine de Paris, les presses, 198 pages.

[44]  Peloquin Stephane, 1998 : using remote sensing, geographic information system and artificial intelligence to evaluate landslide susceptibility level in the Bolivian Andes ; Ph.D. Remote sensing, université de sherbrooke ( Canada).

[45]  Naceur Mohamed Saber, 1999 : Fusion de données satellitales pour la cartographie et l'occupation du sol en milieu aride ;  thèse université Nice-Sophia Antipolis, 130 pages.

[46]  Bédoui Adel, 2000 : Introduction d'informations spatiales en fusion de données ; DEA, ENIT, LTSIRS, 76 pages.

[47]  Sylvie Le Hégarat-Mascle, octobre 2005, « Classification d'images de télédétection pour l'estimation et le suivi de paramètres géophysiques ». Habilitation à Diriger des Recherches Spécialité : Traitement des images et télédétection, Université de Versailles Saint Quentin, CETP IPSL.

www.ingramcontent.com/pod-product-compliance
Lightning Source LLC
Chambersburg PA
CBHW021053210326
41598CB00016B/1204